Coraux constructeurs de récifs des Caraïbes

Patrick Scaps

Collection Inventaires & biodiversité
Biotope – Muséum national d'Histoire naturelle
2019

Un récif corallien en parfaite santé est habité par de nombreux organismes.

© iStockphoto.com/Damocean

Sommaire

Référence bibliographique à utiliser :

Scaps P., 2019. – *Coraux constructeurs de récifs des Caraïbes.* Biotope, Mèze, Muséum national d'Histoire naturelle, Paris (collection inventaires & biodiversité), 240 p.

Préface

Patrick Scaps
Docteur de l'Université de Rennes I

Avec leurs récifs coralliens, leurs eaux transparentes, leur climat tropical et leurs paysages variés d'une grande beauté, les Caraïbes représentent l'une des destinations favorites des touristes. Ces derniers sont ainsi de plus en plus nombreux à venir chaque année dans les Caraïbes dans le but d'y observer la nature. Plongeurs et écotouristes génèrent d'ores et déjà plus d'un cinquième des revenus dérivés de l'industrie touristique et le secteur de la plongée, et de la randonnée palme-masque-tuba (*snorkeling* pour les anglophones) est celui qui présente la plus forte expansion. Par ailleurs, les plongeurs sont de plus en plus sensibilisés à l'environnement et le nombre de plongeurs « bio » ne cesse de croître. Devant ce constat, il s'avère nécessaire de disposer d'un guide de terrain en langue française permettant d'identifier l'ensemble des espèces de coraux constructeurs de récifs peu profonds présentes dans les Caraïbes (les Scléractiniaires), ainsi que leurs principales variations morphologiques en fonction des conditions du milieu (écomorphes ou écotypes), en prenant en compte les apports les plus récents de la systématique. Seules les espèces très rares ou peu visibles n'ont pas été représentées dans ce guide. Par ailleurs, cet ouvrage illustre également les principales espèces de coraux de feu (Milléporidés) et de coraux dentelles (Stylastéridés) qui participent aussi à l'élaboration des récifs coralliens et qui sont susceptibles d'être rencontrées par les plongeurs. Ce guide s'adresse donc principalement aux plongeurs et aux randonneurs palme-masque-tuba, mais il intéressera également les passionnés de biologie marine, les naturalistes au sens large et les amoureux de la mer (promeneurs curieux de nature qui voudraient reconnaître les fragments de coraux échoués sur les plages, touristes observant les coraux à travers les vitres d'un aquarium ou d'un bateau à fond de verre, etc.) ou tout simplement les personnes désirant admirer la beauté des coraux.

Étant donné qu'il n'existe aucune définition « officielle » des divers termes utilisés afin de décrire la morphologie des éléments constitutifs du squelette des Scléractiniaires et que, parfois, il y a confusion des termes utilisés entre les auteurs de langue française et ceux de langue anglaise, je me suis conformé, après avis auprès du professeur Michel Pichon, que je tiens à remercier, à la nomenclature telle qu'utilisée et définie par Vaughan et Wells (1943).

Dans le cadre de cet ouvrage, les noms scientifiques des espèces sont toujours indiqués – la nomenclature suit le *World Register of Marine Species*, *http://www.marinespecies.org/index.php* –, car ce sont les seuls noms qui ont une valeur universelle. C'est l'unique façon qui permet de s'entendre sur une désignation précise acceptée de tous et qui permet à un plongeur français de communiquer avec un plongeur étranger. En revanche un nom français est systématiquement donné, le plus souvent en accord avec la liste de l'Inventaire national du patrimoine naturel (INPN, *https://inpn.mnhn.fr/accueil/index*) ; néanmoins, certaines incohérences dans cette liste – même nom pour deux espèces différentes, notamment – nous ont amenés à formuler quelques propositions. La nomenclature scientifique ou nomenclature binomiale a été mise au point par le botaniste suédois Carl von Linné (Linnæus, 1707-1778) au cours du XVIIIe siècle. Chaque espèce porte un nom scientifique unique constitué de deux mots latins ou latinisés écrits en italique. Le premier correspond au nom de genre pouvant regrouper des espèces ayant de fortes similitudes ou affinités. Le deuxième correspond à l'épithète spécifique. Le nom de genre commence par une majuscule alors que l'épithète spécifique débute par une minuscule ; par ex : *Acropora cervicornis*. Le nom de genre peut être changé, en revanche le nom d'espèce est immuable (principe de priorité). Derrière le nom de l'espèce figure le nom du scientifique ayant décrit l'espèce ainsi que la date de la description. Si le nom de l'auteur et la date sont inscrits entre parenthèses cela signifie que l'auteur qui a décrit l'espèce pour la première fois l'a classée dans un genre qui a changé entre-temps. Par exemple, *Madrepora cervicornis*, qui a été décrit par Lamarck en 1816, est dorénavant classé dans le genre *Acropora*, le nom scientifique correct est donc *Acropora cervicornis* (Lamarck, 1816).

Les différentes espèces de Scléractiniaires sont traditionnellement classées sur la base de caractères morphologiques prenant en compte les caractéristiques du squelette visibles à l'œil nu ou en microscopie optique (forme des colonies, mode de bourgeonnement, mode d'agencement des polypiérites, taille et forme des polypiérites, nombre de cycles de septes, ornementation des septes, etc. ; voir p. 30 et suivantes pour la définition de ces termes). Or, ces caractères morphologiques ne coïncident pas forcément avec les données moléculaires récentes. Si ces dernières ont bien confirmé la monophylie du clade des Scléractiniaires (Fukami *et al.* 2008 ; Budd *et al.* 2010), elles ont en revanche montré que certaines espèces qui, auparavant, étaient considérées comme apparentées sur la base de critères morphologiques, sont éloignées au plan génétique. De ce fait, de nouveaux caractères reposant sur une analyse plus fine de la morphologie (forme et orientation des dents et des granules septaux observés en microscopie électronique à balayage) et de la microstructure du squelette (étude de la structure interne du squelette par observation de lames minces pétrographiques) ont été recherchés dans le but de trouver une éventuelle adéquation entre données morphologiques et données moléculaires. Ainsi, à l'heure actuelle, les études de phylogénie intègrent à la fois des données portant sur la micromorphologie et la microstructure du squelette et des données moléculaires.

Contrairement à la classification traditionnelle qui admet l'existence au sein de l'ordre des Scléractiniaires de cinq à sept sous-ordres selon les auteurs, la classification moléculaire reconnaît l'existence de trois clades. Le clade « Basal » comprend uniquement des formes solitaires dépourvues d'algues symbiotiques (zooxanthelles) vivant en milieu profond et ne contribuant pas à la formation des récifs coralliens. Les Scléractiniaires pourvus de zooxanthelles et participant à l'édification des récifs coralliens peu profonds ainsi que le reste des Scléractiniaires dépourvus de zooxanthelles sont regroupés en deux grands clades nommés « Robuste » et « Complexe » par Romano et Palumbi en 1996. Ces deux clades majeurs auraient divergé il y a plus de 200 millions d'années. Le clade « Robuste » regroupe les taxons dont le squelette massif ou en forme de plaque est relativement solide et fortement calcifié tandis que le clade « Complexe » regroupe les taxons dont le squelette de morphologie complexe est moins fortement calcifié. Récemment, en se basant sur les caractéristiques du développement embryonnaire, Okubo (2016) a observé que les coraux du clade « Complexe » possèdent un blastocœle[a] durant l'embryogenèse alors que ceux du clade « Robuste » en sont dépourvus ou montrent un blastocœle peu développé. Il a alors proposé de scinder l'ordre des Scléractiniaires en deux sous-ordres : les *Refertina* (du latin *refertus* signifiant « plein ») chez lesquels, au cours de l'embryogenèse, il n'y a pas formation de blastocœle ou celui-ci est très restreint, et les *Vacatina* (du latin *vacatus* signifiant « vide ») chez lesquels, au contraire, il y a mise en place d'un blastocœle bien développé pendant l'embryogenèse. C'est ce point de vue qui a été adopté dans ce livre. Le groupe *Incertae sedis* rassemble les quelques genres pour lesquels l'appartenance à l'un des deux sous-ordres précédents n'est pas encore déterminée de façon définitive.

L'ouvrage se découpe en deux parties. La première partie est consacrée aux récifs coralliens peu profonds des Caraïbes (différents types de récifs, zonation des récifs, principales menaces pesant actuellement sur les récifs coralliens des Caraïbes) et aux coraux bâtisseurs de récifs (structures morphologique et anatomique, biologie). C'est dans cette partie que sont précisés les termes utiles afin d'identifier les différentes espèces de Scléractiniaires. La seconde partie de l'ouvrage présente l'ensemble des espèces de Scléractiniaires bâtisseurs de récifs peu profonds et les principales espèces de coraux durs non Scléractiniaires rencontrées dans les Caraïbes. Sont d'abord présentées les familles du sous-ordre des *Refertina*, puis celles du sous-ordre des *Vacatina* et enfin celles du groupe *Incertae sedis*. Pour finir les espèces de coraux de feu et de coraux dentelles sont abordées. Pour chaque famille, les genres et espèces sont traités par ordre alphabétique. Chaque espèce est illustrée par des photographies prises en milieu naturel. Lorsqu'une espèce présente des variations morphologiques en fonction des conditions du milieu, les différents écotypes sont également illustrés par une photographie. Lorsque nécessaire, des compléments concernant la taxonomie (classification) des espèces sont ajoutés.

Le degré de menace pesant sur chaque espèce présente dans ce guide selon la liste rouge établie conformément aux critères internationaux de l'Union internationale pour la conservation de la nature (UICN[b]), est signalé par les lettres suivantes :

CR : espèce en danger critique d'extinction.
EN : espèce en danger.
VU : espèce vulnérable.
NT : espèce quasi menacée.
LC : préoccupation mineure.
DD : données insuffisantes.
NE : non évaluée.

Le lecteur désirant approfondir certains points du manuscrit peut consulter la bibliographie détaillée citée en fin d'ouvrage.

J'espère que les informations contenues dans ce guide seront utiles et permettront aux plongeurs et naturalistes de reconnaître les différentes espèces de coraux bâtisseurs de récifs des Caraïbes et qu'elles stimuleront l'intérêt porté à ces organismes fascinants.

[a] Pour l'ensemble des termes spécialisés, voir le glossaire p. 222.
[b] *www.uicn.fr/liste-rouge-mondiale/*

Limites géographiques couvertes par ce guide

La **mer des Caraïbes,** encore appelée **mer des Antilles**, fait partie de la zone nord-occidentale de l'océan Atlantique tropical. Elle est localisée à l'est de l'Amérique centrale et au sud-est du golfe du Mexique. Elle est limitée à l'est par l'arc antillais comprenant les Grandes Antilles (Cuba, Haïti, République dominicaine, Porto Rico, Jamaïque) et les Petites Antilles se divisant en îles du Vent (des îles Vierges à Grenade) et îles Sous-le-Vent, le long de la côte vénézuélienne. Elle s'étend sur un peu plus de 2400 km d'est en ouest et 1200 km du nord au sud et couvre une superficie estimée à 2754000 km^2. Son volume atteint 6,5 x 10^6 km^3 et elle compte plus de 13500 km de côtes. Elle est bordée par 26 pays et 19 territoires dépendant de la France, des Pays-Bas, du Royaume-Uni et des États-Unis. Sa profondeur maximale atteint 7689 m au niveau de la fosse de Caïmans située entre la Jamaïque et les îles Caïmans au sud-ouest de Cuba et sa profondeur moyenne est d'environ 2400 m. Les eaux sont claires et chaudes (température des eaux de surface comprise entre 22 et 29 °C) et le marnage est faible (inférieur à 40 cm). Le courant des Caraïbes est orienté dans le sens inverse des aiguilles d'une montre.

La mer des Caraïbes tire son appellation d'une ethnie amérindienne originaire du nord du Venezuela. Lorsque ces Amérindiens envahirent les Petites Antilles ils furent appelés Caraïbes ou Karibs par les autres amérindiens déjà établis aux Antilles, ce qui signifie « guerriers » en raison de leur caractère belliqueux et de leurs mœurs cannibales.

Le **domaine de la Grande Caraïbe** est vaste, car il est de tradition d'adjoindre à la mer des Caraïbes le golfe du Mexique, mais également l'archipel des Bahamas, la péninsule de Floride ainsi que les Guyanes. Ce domaine, au climat de type tropical, se caractérise par un environnement physique varié constitué de plaines et de chaînes de montagnes, par des bassins maritimes importants et une faune et une flore variées. Il est soumis à de sérieux risques naturels (ouragans dévastateurs, volcans, tremblements de terre). C'est cet espace qui a été choisi dans le cadre de cet ouvrage. Nous utiliserons indifféremment les termes Caraïbes, Grande Caraïbe ou domaine Caraïbe afin de désigner la région en entier et réserverons le terme de mer des Caraïbes afin de désigner le bassin central.

À l'échelle de l'ensemble du domaine Caraïbe, du fait des conditions océanographiques et climatiques relativement homogènes, la faune et la flore marines constituent une unité biogéographique ; ainsi, la majorité des espèces marines des Caraïbes ne sont présentes dans aucune autre mer au monde. Néanmoins, bien que présentant quelques particularités, on peut rattacher à cet ensemble les faunes et les flores marines des Bermudes au nord et des côtes du Brésil au sud.

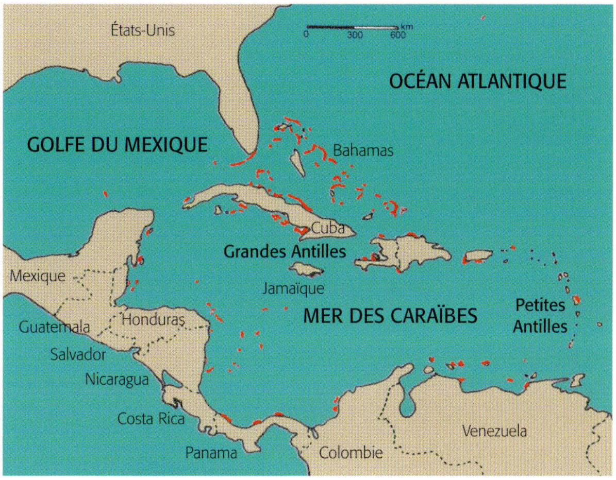

Carte représentant la répartition des récifs coralliens (en rouge) dans le domaine de la Grande Caraïbe.

Biologie, écologie et classification

Partie 1

Acropora palmata est l'un des principaux coraux formant les récifs coralliens des Caraïbes.

Les récifs coralliens des Caraïbes

Ce guide est essentiellement consacré aux coraux durs constructeurs de récifs coralliens peu profonds.

Ces derniers sont des formations calcaires résultant de l'activité bioconstructrice d'invertébrés marins que l'on trouve sur les fonds rocheux peu profonds des zones tropicales et intertropicales où la température de l'eau de mer de surface ne descend pas sous 18 °C (optimum de température compris entre 24 et 29 °C).

Parmi les différents organismes sécrétant du carbonate de calcium et participant à l'édification des récifs coralliens, les Scléractiniaires (anciennement dénommés madréporaires) jouent un rôle primordial. En effet, ils ont pour particularité de sécréter un squelette externe constitué de carbonate de calcium qui servira de matériel de base à la construction de l'édifice corallien. Lorsqu'ils meurent, leurs squelettes restés en place servent de substrat pour la fixation de nouvelles larves. Au cours du temps, les squelettes s'accumulent et forment un réseau qui sera colmaté par des sédiments carbonatés grossiers constitués principalement de débris coralliens mais également de restes de coquilles de mollusques, de tests et de piquants d'échinodermes, de spicules d'éponges, de tubes d'annélides polychètes, etc. Enfin, de nombreuses algues rouges calcifiées encroûtantes ou corallines (genres principaux *Porolithon*, *Lithotamnion*, *Hydrolithon*, *Goniolithon* et *Lithophyllum*) vont croître à la surface des sédiments et vont former un ciment calcaire qui va transformer les parties anciennes du récif en une roche compacte. Ces algues jouent donc un rôle essentiel afin de consolider le récif. Quelques espèces d'éponges et de bryozoaires encroûtants participent également à l'activité de cimentation du récif.

Du fait de leurs structures variées, les coraux génèrent une très grande diversité d'habitats (fissures, crevasses, poches). Ils procurent donc aux espèces qui vivent dans les écosystèmes coralliens nourriture et protection contre les prédateurs. Au même titre que les forêts tropicales humides en milieu terrestre, les récifs coralliens constituent de véritables berceaux de biodiversité. Ainsi, on estime que les récifs coralliens hébergent entre 1 et 3 millions d'espèces.

La plupart des récifs coralliens présents dans l'océan Atlantique sont limités à la partie occidentale de cet océan. Bien que quelques espèces de coraux bâtisseurs de récifs soient présentes dans les eaux peu profondes du golfe de Guinée, elles ne développent jamais de récifs importants. La rareté des coraux au niveau de la côte occidentale de l'Afrique s'explique par des arrivées d'eau froide provenant du courant de Guinée et de remontées d'eau froide profonde locales (« *upwellings* »,) en même temps que des apports de grandes quantités d'eaux douces chargées de sédiments par les fleuves côtiers. De même, la présence de grands fleuves côtiers, comme l'Amazone et l'Orénoque, charriant d'importantes quantités de sédiments, empêche le développement de récifs coralliens riches et florissants dans la partie sud-occidentale de l'océan Atlantique. Les formations coralliennes présentes au Brésil sont essentiellement constituées de roches encroûtées dont les principaux organismes constructeurs sont des algues rouges calcifiées, ou corallines, plutôt que de véritables formations récifales. Néanmoins, l'archipel des Abrolhos, localisé au large de l'état de Bahia, est constitué d'un ensemble de vrais récifs coralliens.

Orbicella annularis est une espèce commune dans la zone couverte par ce guide.

© iStockphoto.com/Damocean

La limite septentrionale de l'aire de répartition des récifs coralliens dans la partie occidentale de l'océan Atlantique est représentée par le sud de la péninsule de Floride. Au nord de cette zone, les températures hivernales deviennent trop basses et ne favorisent pas l'implantation des coraux, bien que quelques espèces puissent survivre jusqu'au niveau du cap Hatteras (35° N). Ainsi, la plupart des récifs coralliens de l'océan Atlantique sont restreints à la mer des Caraïbes et aux zones limitrophes (sud de la Floride, golfe du Mexique et archipel des Bahamas).

LES DIFFÉRENTS TYPES DE RÉCIFS CORALLIENS RENCONTRÉS DANS LES CARAÏBES

À l'issue du voyage à bord du HMS Beagle dans les années 1830 qui devait le conduire à travers les mers du globe, le célèbre naturaliste Charles Darwin a reconnu l'existence de **trois types de récifs** (récifs frangeants, récifs barrières et atolls) et en a expliqué leur formation. Ces trois types de formations récifales sont toujours reconnus actuellement. Néanmoins, entre-temps, les scientifiques ont découvert d'autres types de récifs ne correspondant pas au modèle présenté par Darwin, en particulier dans les Caraïbes.

LES RÉCIFS FRANGEANTS

Les récifs frangeants (*fringing reef* pour les anglophones) sont des formations directement accolées à la côte ou séparées de cette dernière par un étroit chenal peu profond (un à quelques mètres de profondeur uniquement). On les trouve le long des côtes où ils forment des plateformes horizontales peu profondes. Ce sont les récifs les plus répandus dans les Caraïbes.

LES RÉCIFS BARRIÈRES

Les récifs barrières (*barrier reef* pour les anglophones) sont des formations situées plus au large que les formations précédentes. Les récifs barrières longent les côtes et sont séparés des terres par un lagon de largeur et de profondeur variables mais plus importante que celle des récifs frangeants (la profondeur peut dépasser 100 m pour les plus grands). Récifs frangeants et récifs barrières peuvent être associés, c'est-à-dire que l'on peut trouver à proximité du rivage un récif frangeant, puis au large, un récif barrière. Le récif barrière peut être interrompu par des passes qui sont généralement localisées face à l'embouchure des cours d'eau, car les apports d'eau douce et de sédiments limitent la croissance corallienne et engendrent des discontinuités dans la formation de l'édifice récifal. Le récif barrière le plus étendu des Caraïbes est celui du Belize. Il est localisé entre 10 et 50 km au large du golfe du Honduras et mesure environ 250 km de long et une trentaine de kilomètres de large dans sa plus grande largeur. Ailleurs, il existe des récifs barrières plus modestes.

LES ATOLLS

Ce sont des formations coralliennes isolées de forme annulaire enserrant un lagon central. On les rencontre en pleine mer. Les vrais atolls sont rares dans les Caraïbes.

LES BANCS RÉCIFAUX

Comme les atolls, les bancs récifaux (*bank* ou *platform reefs* pour les anglophones) sont des formations du large, isolées et de taille importante, souvent pour partie immergées, prenant naissance sur des hauts-fonds marins, mais ils n'ont pas la structure annulaire classique des vrais atolls. Ces formations sont plus nombreuses que les véritables atolls dans les Caraïbes.

LES COMPLEXES DE MASSIFS CORALLIENS

Les complexes de massifs coralliens (*patch reefs* pour les anglophones) sont de petits affleurements de récifs dans les eaux peu profondes, parfois isolés parfois regroupés dans une zone où l'on trouve également des récifs frangeants et des récifs barrières.

De nombreux édifices coralliens n'affleurent pas à la surface de l'eau ce qui est particulièrement commun aux récifs coralliens présents dans les Caraïbes et on utilise souvent le terme de **récifs submergés** afin de décrire les récifs dont le sommet est situé au moins à 5 m de profondeur.

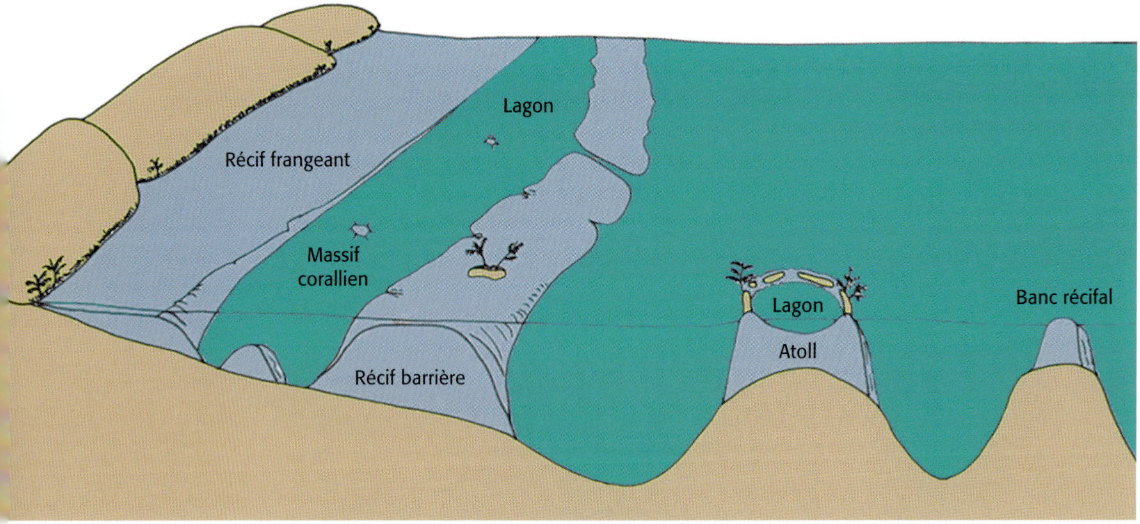

Différents types de formations récifales rencontrées dans les Caraïbes.

ZONATION DES RÉCIFS CORALLIENS

Au niveau des divers types de formations récifales on peut définir différentes zones ou ceintures présentant des caractéristiques environnementales propres (profondeur, pente, luminosité, température, etc.). Les récifs frangeants qui bordent la côte nord de la Jamaïque ont été, d'un point de vue historique, les premiers récifs dont la zonation a particulièrement été bien étudiée (travaux de Goreau et collaborateurs dans les années 1960). C'est la zonation de ce type de récif qui sera prise comme exemple. On distingue ainsi plusieurs zones (voir la figure p. 16) :

- **une zone côtière (A)** dont la profondeur varie entre 0,5 et 3 m et dont le peuplement corallien est relativement diversifié. Les espèces les plus nombreuses sont : *Acropora palmata*, *Orbicella annularis*, *Montastraea cavernosa*, *Pseudodiploria strigosa*, *Porites astreoides*, *P. porites*, *Siderastrea siderea* et *Manicina areolata*. Lorsque le milieu est turbide et l'eau parfois stagnante, on note la présence de *Favia fragum*, *Pseudodiploria clivosa* et *Siderastrea radians* ;
- **un chenal (B)** dont la profondeur varie de 2 à 10 m et dont le fond sableux comprend peu d'espèces de coraux. Il est souvent occupé par des herbiers de phanérogames marines à *Thalassia testudinum* (herbe à tortues) dans lesquels on note la présence, en faible quantité, de coraux de forme libre (*Porites divaricata*, *Manicina areolata*) ; dans la partie la plus profonde du chenal on observe des massifs isolés *d'Orbicella annularis* et des monticules de *Porites porites* ;
- **un arrière-récif (C)** profond de 1 à 3 m qui s'élève de façon abrupte à l'arrière du chenal. Cette zone comprend une communauté variée de coraux qui atteignent presque la surface. À ce niveau, le peuplement corallien est dominé par des espèces de forme massive parmi lesquelles *Orbicella annularis*, *Pseudodiploria strigosa*, *Montastraea cavernosa*, *Siderastrea siderea*, *Porites astreoides* mais comporte également des formes arborescentes comme *Acropora palmata*, *A. cervicornis*, *A. prolifera*, *Porites porites*, *P. furcata* ;
- **un platier récifal (D)** ou zone à *Zoanthus*. À cet endroit le récif forme une plateforme proche de la surface (moins de 50 cm de profondeur en général). Cette ceinture est constituée presque entièrement de colonies mortes et non consolidées d'*Acropora palmata* qui ont été colonisées par le zoanthaire colonial *Zoanthus sociatus,* formant un épais tapis verdâtre. C'est un milieu très contraignant et seules quelques colonies de *Pseudodiploria clivosa* de forme encroûtante demeurent vivantes à ce niveau. Le platier est peuplé par des coraux de feu du genre *Millepora*, ainsi que par des gorgones et des algues calcaires appartenant aux genres *Lithothamnion*, et *Halimeda*. Il est parcouru par des chenaux dont la profondeur peut atteindre 2 m, au niveau desquels on observe le même type de peuplement corallien qu'au niveau de la zone d'arrière-récif ;
- **une crête récifale (E)** ou zone à *Acropora palmata*. Cette ceinture est occupée principalement par des colonies d'*A. palmata* de grande taille, orientées face aux courants dominants. *Acropora palmata* est l'espèce dominante, mais on trouve également *Porites astreoides*, *Pseudodiploria strigosa* et *Agaricia agaricites*. Le corail de feu *Millepora alcicornis* est souvent présent dans cette bande et forme de grandes colonies qui, comme celles d'*A. palmata*, sont orientées face aux courants dominants. En avant de la zone de déferlement où se brise la houle, la pente récifale douce atteint la profondeur maximale de 5 à 6 m. Dans cette ceinture, la densité de coraux diminue et de grandes zones sont occupées par des blocs non consolidés sur lesquels les

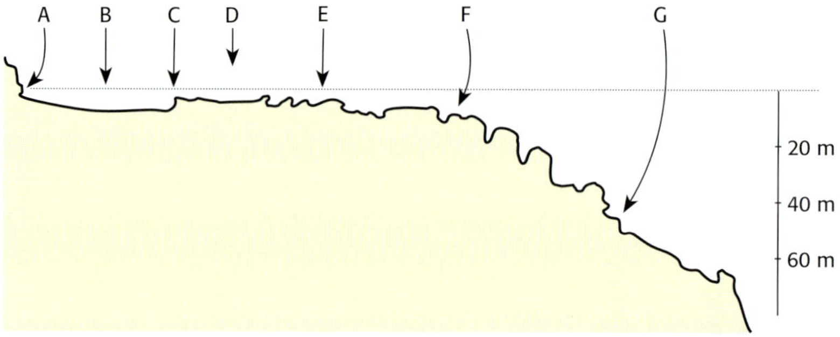

Représentation schématique d'une section à travers un récif frangeant de la Jamaïque exposé au vent (modifié d'après Goreau et Goreau, 1973).

coraux sont peu développés. La partie la plus profonde de cette zone comprend un peuplement de coraux plus diversifié : *Pseudodiploria strigosa*, *Orbicella annularis*, *Acropora cervicornis*, *Colpophyllia natans*, *Porites astreoides*, *P. porites*, *P. furcata*, *Agaricia agaricites*, Scléractiniaires du genre *Mycetophyllia*, coraux de feu du genre *Millepora*. Ces espèces sont disséminées entre les grandes colonies d'*A. palmata* ;

- **une zone à éperons (F)** caractérisée par des constructions en éperons séparées par des sillons. Les éperons correspondent à des formations en forme de piliers se projetant en direction du large et pouvant atteindre une trentaine de mètres de longueur pour une hauteur comprise entre 3 et 12 m. Les sillons correspondent à des canyons abrupts dont le plancher est recouvert de sable et de débris coralliens et servent à évacuer les sédiments et les débris provenant du haut du récif. Le dessus des éperons est colonisé par de grandes colonies d'*Acropora palmata*, *Orbicella annularis*, *Porites porites*, *P. furcata* ainsi que par des coraux de feu du genre *Millepora*. On peut observer parfois à cet endroit des colonies d'*A. cervicornis* et *A. prolifera*. Les côtés latéraux des éperons sont occupés par de grandes colonies d'*Orbicella faveolata*, *Porites astreoides*, *Colpophyllia natans*, *Pseudodiploria strigosa*, *Diploria labyrinthiformis* et *Dendrogyra cylindrus*. Les espèces de Scléractiniaires qui sont rares ailleurs sur le récif, comme *Madracis decactis*, *Mycetophyllia lamarckiana*, et *Mussa angulosa*, sont relativement fréquentes, mais restent peu importantes en termes de biomasse ;
- **une pente externe (G)** dont la partie supérieure est occupée par d'immenses champs d'*Acropora cervicornis* et constitue la zone à *Acropora cervicornis*. Elle est située entre 8 et 15 m de profondeur et est traversée par des traînées sableuses correspondant aux prolongements des sillons. On rencontre également de grandes colonies d'*Orbicella annularis*, *Porites porites* et *P. furcata*. En dessous de cette ceinture, on trouve, en grand nombre, de grandes colonies multilobées d'*Orbicella annularis* formant la zone à *Orbicella annularis*. Dans cette zone on observe également *Diploria labyrinthiformis*, *Colpophyllia natans*, *Siderastrea siderea*, *Porites astreoides*, *P. porites*, *Meandrina meandrites*, *Dendrogyra cylindrus*, *Dichocoenia stokesii* et diverses espèces de Mussidés formant une communauté corallienne très diversifiée. Au fur et à mesure que la luminosité s'estompe avec la profondeur, le peuplement corallien devient moins dense et moins riche et, au pied de la pente, à partir d'une quarantaine de mètres de profondeur, seules les espèces adaptées à une luminosité restreinte (*Scolymia cubensis*, *Mycetophyllia lamarckiana* et divers membres de la famille des Agaricidés) peuvent se développer.

Exemple de récif corallien en bonne santé avec une vie abondante et diversifiée.
Vincent Maran

Il convient toutefois de noter que tous les récifs coralliens ne ressemblent pas forcément au type décrit ci-dessus. Différents facteurs tels que l'exposition aux vagues ou la qualité de l'eau interviennent sur le développement des récifs et la composition en espèces. Ainsi, la zonation au niveau des récifs protégés du vent (récifs sous le vent) est beaucoup plus simple que celle des récifs exposés au vent. L'absence de l'action continue des vagues empêche le développement de nombreuses zones exposées au vent. Le chenal est généralement plus étroit, le platier récifal est moins étendu, la crête récifale est absente et la zone à éperons et sillons est réduite ou absente. De plus, les récifs sous le vent peuvent être affectés par la turbidité et la sédimentation. La transition d'un récif exposé au vent vers un récif sous le vent s'accompagne d'un changement de composition des communautés coralliennes. Les espèces caractéristiques des zones les plus turbulentes font défaut au niveau des récifs sous le vent et elles sont remplacées par des espèces qui, au niveau des récifs exposés au vent, sont rencontrées à plus grande profondeur ou dans les zones plus protégées de l'arrière récif.

DES RÉCIFS GRAVEMENT MENACÉS DE DISPARITION

Les récifs coralliens des Caraïbes sont extrêmement vulnérables et les causes de destruction sont multiples, qu'elles soient naturelles ou liées aux activités humaines (causes anthropiques).

DÉGRADATIONS D'ORIGINE NATURELLE

Les ouragans particulièrement fréquents dans le domaine Caraïbes représentent l'une des causes principales de dégradation naturelle de certains récifs. Ils sont responsables de la destruction physique des colonies, particulièrement les formes branchues délicates. Certaines espèces sont également sensibles à l'exondation prolongée.

Le ver de feu (*Hermodice carunculata*) est un annélide polychète de grande taille mesurant jusqu'à 30 cm de longueur et qui se nourrit entre autres de Scléractiniaires.

Denis Ader

Par ailleurs, certains organismes dits **corallivores** se nourrissent de coraux. Dans les Caraïbes, les principaux organismes corallivores sont le crabe *Mithrax sculptus*, qui utilise ses pinces afin de découper les polypes, les gastéropodes appartenant aux genres *Coralliophila* et *Calliostoma*, le ver de feu *Hermodice carunculata* et certains poissons qui broutent occasionnellement les coraux (quelques espèces de poissons-papillons – Chaetodontidés, poissons-demoiselles – Pomacentridés, poissons-perroquets – Scaridés – et le poisson-lime gribouillé, *Aluterus scriptus*).

L'annélide polychète (ver annelé) *Hermodice carunculata* (voir les photos ci-dessus) est un prédateur qui se nourrit aux dépens de Cnidaires dont la plupart des espèces de coraux, mais qui affiche néanmoins une préférence pour certaines espèces telles que les espèces branchues – il s'alimente notamment aux extrémités terminales des branches d'*Acropora cervicornis*. Chaque segment de son corps porte, de chaque côté, une touffe de soies érectiles. Lorsqu'il est dérangé, il érige ses soies urticantes qui pénètrent dans la peau, se cassent et inoculent un venin provoquant une sensation de brûlure intense, d'où son appellation de ver de feu. Il est plutôt actif en fin d'après-midi. Pour s'alimenter, il sécrète des enzymes digestives à la surface des tissus vivants des coraux puis aspire, grâce à son pharynx musculeux, le mélange enzyme-tissus partiellement digérés.

Le gastéropode *Coralliophila abbreviata* consomme une vingtaine d'espèces de coraux (Scléractiniaires appartenant aux genres *Acropora*, *Agaricia*, *Orbicella*, et *Siderastrea*), à la surface desquelles il peut former des rassemblements plus ou moins denses pouvant occasionnellement détruire en totalité les colonies de coraux infestées. C'est un prédateur nocturne. Des pullulations de ce gastéropode ont été notées à l'échelle locale, là où les populations de leur prédateur naturel, la langouste *Panulirus argus*, ont été décimées par les pêcheurs (Floride, Porto Rico).

La demoiselle à trois points (*Stegastes planifrons*) est une espèce de poisson-demoiselle (famille des Pomacentridés) très agressive et territoriale, confectionnant des jardins d'algues qu'elle défend vigoureusement contre les autres poissons herbivores. Afin d'entretenir ses jardins d'algues, la demoiselle à trois points élimine une partie des tissus vivants de la colonie corallienne ; cette surface dénudée est ensuite colonisée par des touffes d'algues. Elle s'attaque préférentiellement aux espèces de coraux branchus du genre *Acropora* et aux espèces méandriformes. Toutefois, du fait de la raréfaction importante des espèces du genre *Acropora* (voir ci-après), la demoiselle à trois points s'attaque dorénavant aux colonies d'*Orbicella annularis* et *O. faveolata* de grande taille. À force de prélever des tissus vivants afin d'entretenir ses jardins d'algues, elle peut provoquer à terme la mort de la colonie.

Les poissons-perroquets (famille des Scaridés) sont herbivores. Ils broutent les algues se développant à la surface des rochers ou des coraux morts à l'aide de leurs dents puissantes fusionnées en une plaque en forme de bec. Le substrat calcaire arraché en même temps que les algues est broyé afin de faciliter la digestion et est réduit en poudre. De ce fait, les poissons-perroquets contribuent à l'érosion des récifs et à la formation des sédiments. Quelques espèces broutent également les coraux vivants. Les grosses femelles et les grands mâles du poisson-perroquet feu (*Sparisoma viride*, voir la photo ci-dessous) retournent fréquemment se nourrir aux mêmes endroits ce qui entraîne la production de larges lésions à la surface des colonies coralliennes. Ces lésions s'étendent progressivement à la surface du corail, mais provoquent rarement la mort complète de la colonie. Les premiers scientifiques qui ont observé ce phénomène pensaient que les coraux étaient atteints d'une maladie et l'ont nommé maladie du dépérissement rapide (*Rapid Wasting Disease*, RWD). Cependant, un examen attentif de la surface de la colonie permet de différencier s'il s'agit d'une maladie ou d'un cas de prédation : les dégâts causés par les morsures infligées par les poissons-perroquets se traduisent par une disparition des tissus vivants, mais également du squelette sous-jacent, alors que le squelette n'est pas atteint lorsqu'il s'agit d'une maladie.

Le poisson-perroquet feu (*Sparisoma viride*) (ici une femelle) s'attaque principalement aux coraux de forme massive tels que *Orbicella annularis*, *O. faveolata* et *Colpophyllia natans*.

Denis Ader

À l'image des poissons-perroquets, l'oursin diadème *Diadema antillarum* broute la couche algale qui recouvre les coraux morts à l'aide de ses mâchoires puissantes et ronge en même temps le calcaire du récif. Cependant, il convient de noter que ces organismes herbivores sont très importants dans le maintien de l'état de santé des récifs coralliens car, sans leur présence, les coraux bâtisseurs de récifs souffriraient de la concurrence avec les algues.

Certaines espèces d'invertébrés (éponges, tuniciers, coraux de feu) et d'algues entrent en compétition avec les coraux pour l'espace et peuvent, à l'occasion, recouvrir les coraux et finir par les étouffer. Les éponges commencent par coloniser les parties mortes des colonies de coraux ou les parties de substrat adjacentes aux coraux puis elles s'étendent à l'ensemble de la colonie. Quelques espèces d'éponges (éponge perforante jaune *Siphonodictyon coralliphagum*, éponges du genre *Cliona* – voir les photos ci-dessous) peuvent perforer le squelette des coraux à l'aide de sécrétions acides, ce qui fragilise le squelette et peut entraîner la perte de certaines parties de la colonie par rupture. D'autres espèces compétitrices d'éponges et de tuniciers (*Trididemnum solidum*) peuvent infiltrer les colonies de coraux en injectant des composés qui tuent les tissus vivants des coraux. Il faut toutefois noter que l'éponge envahissante orange *Mycale laevis* (voir la photo ci-dessous) protège le corail de l'envahissement par d'autres espèces d'éponges perforantes.

À gauche, l'éponge perforante jaune *Siphonodictyon coralliphagum*, dont on observe ici les cheminées jaunes, creuse des trous dans le corail à l'aide de sécrétions acides. À droite, en haut, l'éponge perforante rouge (*Cliona delitrix*) détruit les coraux en dissolvant le squelette (ici une colonie de *Siderastrea siderea*) à l'aide de sécrétions acides ; elle est souvent envahie par le zoanthaire *Parazoanthus parasiticus*. À droite, en bas, l'éponge envahissante orange *Mycale laevis* forme des croûtes molles recouvrant la face inférieure et les bords des colonies de différentes espèces de coraux (ici une colonie d'*Orbicella annularis*), ce qui entraîne une modification de la forme des colonies qui prennent souvent un aspect ondulé. Cependant cette espèce est bénéfique pour le corail, puisqu'elle le protège contre l'installation d'autres espèces d'éponges perforantes.

À gauche, Vincent Maran

Ouvertures visibles à la surface du corail (ici *Porites astreoides*). Ces perforations ont été réalisées par des bivalves du genre *Lithophaga* (dattes de mer).

Parmi les autres espèces perforatrices des coraux, on peut citer certains mollusques bivalves du genre *Lithophaga* (dattes de mer) ainsi que quelques espèces d'annélides polychètes (vers annelés) et de Sipunculides ou Siponcles (vers cacahuètes). La perforation a lieu par érosion mécanique (crochets, épines, et autres structures à la surface du corps qui fonctionnent comme outils pour creuser) et/ou par dissolution chimique (production d'acide qui dissout le calcaire). Ces organismes sont des facteurs importants de bioérosion.

DÉGRADATIONS D'ORIGINE ANTHROPIQUE

Parmi les causes principales de dégradation des récifs coralliens d'origine anthropique, on peut citer :

- la surexploitation des récifs (extraction de sable et de blocs coralliens comme matériaux de construction, surpêche, développement de l'industrie touristique, etc.) ;
- la détérioration de la qualité des eaux due aux pollutions diverses (industrielles, domestiques ou agricoles) ;
- la déforestation qui se traduit par le lessivage des couches superficielles des sols et une sédimentation accrue associée à un enrichissement excessif du milieu en nutriments (eutrophisation du milieu) entraînant une prolifération des algues et du plancton favorisant l'implantation d'organismes compétiteurs filtreurs de matière organique en suspension tels que les éponges ou les alcyonnaires.

Ces dégradations réduisent la biodiversité et fragilisent l'écosystème corallien.

CAUSES MULTIPLES

En 1983, une maladie à caractère épidémique (épizootie) a décimé les populations d'oursins diadèmes (*Diadema antillarum*) le long des côtes du Panama, puis s'est étendue à l'ensemble des Caraïbes. Ainsi, elle a décimé plus de 90 % des populations d'oursins diadèmes un peu partout dans les Caraïbes. À l'heure actuelle on ne connaît toujours pas la nature exacte de l'agent infectieux qui a déclenché cette maladie. Avant

Colonie de *Diploria labyrinthiformis* atteinte par la maladie des points noirs (*Dark Spot Disease* pour les anglophones).

l'apparition de cette maladie, les oursins diadèmes contrôlaient les populations de macro-algues entrant en compétition pour l'occupation de l'espace avec les coraux par leur intense activité de broutage. La raréfaction soudaine des oursins diadèmes, combinée à une surpêche, notamment de poissons herbivores, un enrichissement du milieu en nutriments et des ouragans particulièrement dévastateurs, a conduit à la disparition brutale des coraux sur de nombreux sites qui ont été remplacés par des macro-algues. Ainsi, à la Jamaïque, la couverture corallienne qui était de plus de 50 % dans les années 1970 (voir précédemment la partie consacrée à la zonation des récifs coralliens) a chuté à moins de 5 % actuellement. Ce n'est donc pas une seule perturbation qui a causé ce déclin majeur, mais plusieurs qui se sont succédé au cours du temps.

Par ailleurs, jusqu'au début des années 1990, la seule maladie connue affectant les coraux était la maladie de la bande blanche (*White Band Disease*, WBD pour les anglophones) se manifestant par la mort de bandes de tissus progressant dans le temps. Cette dernière a complètement restructuré les communautés coralliennes. En effet, elle touche de façon spécifique les coraux branchus du genre *Acropora* (*A. cervicornis* et *A. palmata*). Or, avant l'apparition de cette maladie ces espèces étaient les plus communes dans les eaux peu profondes des Caraïbes et étaient celles qui contribuaient le plus à l'édification des récifs coralliens. À l'heure actuelle, ces deux espèces ont presque complètement disparu à tel point qu'elles sont dorénavant considérées comme menacées d'extinction. À partir des années 1990, de nouvelles maladies ont fait leur apparition[a], touchant d'autres espèces de coraux. L'émergence de ces nouvelles maladies semble être liée à un changement de qualité des eaux côtières favorisant la prolifération de microbes pathogènes (cyanophycées ou bactéries, souvent en mélange), ainsi qu'une réduction de l'efficacité des mécanismes de défense des coraux. Depuis une vingtaine d'années, la présence de tumeurs (néoplasmes, voir photo p. 23), qui se traduisent par une croissance squelettique anormale, a aussi été décelée.

[a] Maladie de la bande noire (*Black Band Disease* : BBD), maladie de la bande jaune (*Yellow Band Disease* : YBD), maladie de la bande rouge (*Red Band Disease* : RBD), maladie des plages blanches (*White Plague* : WP), maladie des points noirs (*Dark Spot Disease* : DSD), nécrose rapide des tissus (*Rapid Tissue Necrosis* : RTN)

Colonie de *Pseudodiploria strigosa* montrant des signes de néoplasme.

BLANCHISSEMENT DES CORAUX ET RÉCHAUFFEMENT CLIMATIQUE

Le blanchissement (*bleaching* pour les anglophones) est une réponse de stress classique des coraux et d'autres organismes tropicaux symbiotiques (éponges, anémones, gorgones, etc.) à des conditions environnementales anormales (dilution de salinité, augmentation ou diminution de température, forts rayonnements solaires, etc.). Il correspond soit à une perte des pigments photosynthétiques par les zooxanthelles, soit à l'expulsion de ces dernières des tissus des polypes, soit au rejet des cellules endodermiques elles-mêmes. Dès lors, les organismes atteints de blanchissement apparaissent pâles ou blancs (voir les photos p. 24) ; cependant, ils ne sont pas forcément morts, une recolonisation par les zooxanthelles étant possible s'il y a retour à des conditions environnementales normales.

Actuellement les chercheurs s'accordent pour dire que le réchauffement prolongé des eaux de surface, notamment lorsque la température dépasse 30 °C, et l'augmentation de l'intensité lumineuse sont les principales causes de blanchissement des coraux : l'activité photosynthétique des zooxanthelles devient alors trop élevée ce qui engendre un stress oxydatif et l'expulsion des algues. Au cours de ces trente dernières années, des mortalités massives, sans précédent, ont été notées lors d'épisodes d'élévation de la température superficielle de l'eau de mer consécutifs à des anomalies climatiques de type El Niño.

Le blanchissement le plus sévère, ayant entraîné la mort de nombreuses colonies, a eu lieu en 1997-1998. Ce phénomène a touché tous les types de récifs dans 42 pays et a conduit à la destruction de 16 % des récifs coralliens dans le monde. Les évaluations récentes témoignent d'une augmentation alarmante de la fréquence des phénomènes de type El Niño indiquant un réchauffement de l'océan tropical sous l'effet de serre lié à l'accroissement des rejets dans l'atmosphère de gaz à effet de serre (dioxyde de carbone, méthane, etc.).

Le réchauffement climatique s'accompagnera également d'une montée du niveau des océans, liée à la dilatation thermique des eaux superficielles des océans et à la fonte des glaciers et des calottes polaires, ainsi que d'une augmentation de la fréquence et de l'intensité des tempêtes. Par ailleurs, les rejets de dioxyde de carbone dans l'atmosphère engendreront également une acidification des eaux océaniques, car le

Colonies d'*Agaricia agaricites* (en haut) et d'*Orbicella faveolata* (en bas) en cours de blanchissement.

dioxyde de carbone se dissout dans l'eau de mer en formant de l'acide carbonique. Or, le squelette des Scléractiniaires est constitué de carbonate de calcium qui se dissout en milieu acide. L'acidification des océans entraînera donc inévitablement une baisse du taux de calcification de ces organismes comprise entre 17 et 35 % en 2100 et contribuera à la dégradation des récifs coralliens.

CONSERVATION DES RÉCIFS CORALLIENS

La couverture moyenne en coraux vivants des récifs caribéens est passée de 50 % dans les années 1970 à uniquement 8 % à l'heure actuelle. De plus, à de rares exceptions près (Antilles néerlandaises, îles Caïman), on ne note pas de signe de ralentissement de la dégradation des récifs coralliens : dans ces conditions, il est urgent de mettre en place des mesures visant à leur conservation.

La préservation des récifs coralliens passe par la création d'aires marines protégées (AMP) visant à limiter l'incidence des activités humaines ; en effet, elles constituent des zones faisant l'objet de mesures de protection où sont plus ou moins réglementées les diverses activités humaines. Les AMP englobent des sites comprenant quelques restrictions de pêche, par exemple jusqu'à des zones sous protection totale. Néanmoins, 85 % des récifs coralliens localisés dans les AMP sont soumis à des menaces locales comme l'urbanisation littorale, la pollution, la surpêche ou bien encore la sédimentation. De plus, seul un très faible pourcentage de récifs coralliens (environ 2 %) est localisé dans des endroits répondant aux exigences de la législation (degré de protection, risques encourus, taille et isolement des récifs). Afin de mieux préserver la biodiversité des récifs coralliens, il convient de mettre en place un réseau idéal d'AMP en se basant sur des critères de taille et de distances entre les sites. Afin d'assurer une protection efficace pour plusieurs groupes fonctionnels clés (poissons herbivores et leurs cortèges de prédateurs), la taille des AMP devrait être au minimum égale à 10 km^2 et chaque AMP devrait être distante d'une quinzaine de km.

Il existe d'autres outils de gestion complémentaires des AMP œuvrant à la protection des récifs coralliens. Ainsi, de nombreux moyens de contrôle des pêches (régulation de l'accès, mise en place de quotas de pêche, réglementation de la taille des prises, définition des engins de pêche utilisés, délimitation des périodes de pêche autorisées, détermination des espèces autorisées à la pêche) sont souvent appliqués à part des AMP. Il en est de même pour tout ce qui touche aux menaces d'origine marine, comme le contrôle des pollutions ou de l'ancrage dans les zones sensibles.

Des instruments juridiques internationaux ont été mis en place afin d'assurer la protection des récifs coralliens. Certaines conventions internationales reconnaissent aux récifs coralliens une importance patrimoniale et les protègent explicitement (convention de Ramsar relative aux zones humides d'importance, convention du patrimoine mondial culturel et naturel de l'UNESCO). La protection du milieu marin, et par voie de conséquence, des récifs coralliens, est encadrée par plusieurs conventions ou accords internationaux (convention sur la diversité biologique, convention sur le commerce international des espèces sauvages de faune et flores menacées d'extinction – CITES). En outre, certaines organisations intergouvernementales du système des Nations Unies, ainsi que des organisations non gouvernementales (ONG) comme l'Union internationale pour la conservation de la nature (UICN) et le Fonds mondial pour la nature (WWF), développent des actions de sensibilisation et des projets sur le terrain pour préserver les écosystèmes coralliens. En France a été lancé en 1999 une action nationale, l'Initiative française pour les récifs coralliens (IFRECOR) afin de définir et de mettre en œuvre la stratégie nationale pour améliorer la protection des récifs coralliens français et en assurer la gestion durable.

La préservation des récifs coralliens passe également par l'éducation et la sensibilisation des jeunes et des usagers de la mer. À titre d'exemple, l'association de protection de l'océan Longitude 181 (*www.longitude181.org*) a édicté une charte internationale du plongeur responsable. Cette dernière se veut un guide de responsabilisation des plongeurs et des centres de plongée, de façon à mettre en place les conditions optimales de plongée afin de préserver les richesses de l'océan.

Les Scléractiniaires symbiotiques principaux constructeurs de récifs peuvent être également l'objet de mesures de protection. L'Union internationale pour la conservation de la nature (UICN) édite une liste rouge des espèces menacées de disparition dans laquelle figurent plusieurs espèces de Scléractiniaires provenant des Caraïbes. La Convention sur le commerce international des espèces de faune et flore sauvages menacées d'extinction (CITES) reconnaît la nécessité d'une collaboration internationale afin d'assurer la protection de certaines espèces contre une surexploitation, suite au commerce international. Toutes les espèces de Scléractiniaires sont inscrites à l'annexe II de la Convention de Washington, c'est-à-dire qu'il s'agit d'espèces qui, bien que n'étant pas nécessairement menacées actuellement d'extinction, pourraient le devenir si le commerce de leurs spécimens n'était pas étroitement contrôlé. Le commerce international des spécimens des espèces inscrites à l'Annexe II peut être autorisé et doit, dans ce cas, être couvert par un permis d'exportation ou un certificat de réexportation. Néanmoins, les moyens financiers pour les contrôles douaniers sont insuffisants, et de nombreux pays ne possèdent pas de législation adaptée pour lutter contre le braconnage. Enfin, en France un arrêté a été publié en avril 2017 fixant la liste des espèces de Scléractiniaires protégés en Guadeloupe, en Martinique et à Saint-Martin et les modalités de leur protection (voir annexe p. 220). Ce texte vise à la protection de 16 espèces. Pour ces espèces sont interdits en tout temps la mutilation, la destruction et l'enlèvement de spécimens dans le milieu naturel. On entend par mutilation les actions provoquant un colmatage, un étouffement, une abrasion, une fracturation ou une fragmentation, des nécroses ou un blanchissement des spécimens. Sont également interdits sur tout le territoire national et en tout temps le transport, le colportage, l'utilisation commerciale ou non, la détention, la mise en vente, la vente ou l'achat des spécimens prélevés dans le milieu naturel des territoires mentionnés ci-dessus après l'entrée en vigueur du présent arrêté.

RESTAURATION DES RÉCIFS CORALLIENS : RÉCIFS ARTIFICIELS ET TRANSPLANTATION CORALLIENNE

Avant d'entreprendre la restauration d'un récif corallien endommagé, il convient de s'assurer que la cause ayant conduit à la dégradation du récif en question a été supprimée, sinon l'entreprise serait vouée à l'échec. La création de récifs artificiels peut aider au rétablissement plus ou moins important d'un écosystème dégradé ou détruit, mais représente toujours un second choix comparé à la préservation de l'habitat d'origine. Les matériaux utilisés pour créer des récifs artificiels sont des plus divers : certains sont utiles, d'autres inutiles, voire dangereux, pour l'environnement (pneus, rebuts de béton). Cependant, il s'agit traditionnellement d'épaves dépolluées ou d'unités préfabriquées. La fondation Reefball (*www.reefball.org*) a développé des modules en béton creux en forme de balles mimant la structure et la fonction des récifs naturels. Par leur structure tridimensionnelle, ces modules attirent les poissons et leur surface rugueuse est favorable à la fixation des larves d'invertébrés.

Afin de limiter l'introduction de matériaux étrangers dans le milieu, on peut faire appel à la technique d'« accrétion » qui consiste à fabriquer des substrats semi-artificiels en milieu naturel par électrolyse, procédé que l'on pourrait apparenter à la galvanisation. Grâce à un processus électrochimique, on provoque un dépôt de calcaire accru sur une matrice métallique dont on adapte la forme à volonté. Les organismes marins peuvent dès lors coloniser ce nouveau substrat ressemblant au substrat naturel.

En vue de restaurer un récif corallien abîmé ou de créer un récif artificiel, on peut également transplanter des fragments de colonies vivantes. Cette technique, mise au point vers le milieu des années 1970, consiste en la récolte en milieu naturel de fragments de colonies (boutures) que l'on transfère, puis que l'on fixe sur un substrat naturel ou artificiel au niveau de la zone à restaurer. Les matériaux les plus divers sont utilisés : résine époxy, câbles, cordons de nylon, tuiles en terre cuite, structures métalliques, tables de culture, etc. De façon à augmenter la diversité génétique, on peut aussi transplanter des fragments de colonies gravides récoltées lors de la période de reproduction, juste avant l'émission des propagules (produits génitaux pour les espèces ovipares ou larves pour les espèces vivipares) prêtes à coloniser le nouveau milieu. Les larves elles-mêmes peuvent aussi être récoltées, soit dans le milieu naturel à l'aide de filets à plancton, soit au laboratoire, en transférant en aquarium des colonies gravides. On peut ensuite obtenir, toujours au laboratoire, la fixation des larves sur différents supports : morceaux de coquilles, de coraux, ou de plastique. Les jeunes colonies ainsi produites sont transférées et implantées au niveau de la zone à restaurer. Cette stratégie de restauration faisant appel à des transplants sexués repose sur le long terme. Elle est caractérisée par une meilleure variabilité génétique, et se rapproche de la complexité de l'écosystème en milieu naturel.

Les études portant sur la restauration des récifs coralliens ont conduit à des résultats variables, liés certainement aux différentes espèces utilisées et à la qualité de l'eau. Lorsqu'elle est bonne et dans les zones calmes, la survie des transplants est satisfaisante, *a fortiori* pour ceux qui proviennent de colonies branchues. Toutefois, c'est un travail qui reste très laborieux : pour détacher, transporter sur une distance de 200 à 450 m et attacher les fragments de 500 colonies aux îles Maldives, il a fallu l'équivalent de 250 heures-personne sans compter le temps du trajet et l'élaboration du projet. La transplantation corallienne n'est donc envisageable que sur des surfaces limitées à 10 ha au maximum. Des opérations de transplantation ont d'ores et déjà été réalisées dans les Caraïbes, notamment par le Parc national de la Guadeloupe.

Fragments de colonies de corail bois de cerf (*Acropora cervicornis*, à gauche en haut et en bas) et bois d'élan (*Acropora palmata*, à droite) en suspension dans la colonne d'eau en vue d'une transplantation ultérieure.

A. cervicornis, Thomas Menut
A. palmata, Denis Ader

Les coraux bâtisseurs de récifs

Ce que nous appelons communément « coraux » renferme en réalité une grande diversité d'organismes appartenant à l'embranchement des Cnidaires.

ÉLÉMENTS DE CLASSIFICATION

Les Cnidaires sont des animaux relativement primitifs présentant une **symétrie radiaire** (organes disposés comme les rayons d'une roue de bicyclette autour d'un axe central représenté par les pôles oral et aboral) et dont le plan d'organisation est très simple. Leur paroi corporelle est constituée de deux couches ou feuillets de tissus, **ectoderme** et **endoderme** (organismes diploblastiques) séparées par une couche de consistance gélatineuse, la **mésoglée**, contenant ou non, selon les groupes, des éléments cellulaires. Ils ne possèdent qu'un seul orifice, la **bouche**, qui est entourée d'une couronne de **tentacules** et qui mène à la cavité digestive ou **cavité gastro-vasculaire**. Ils sont munis de cellules originales très spécialisées, les **cnidocytes** (d'où le nom de Cnidaires), qui sont localisées principalement, mais pas uniquement, au niveau de l'ectoderme, et plus particulièrement celui des tentacules. Les cnidocytes sont des cellules urticantes qui interviennent à la fois dans la défense et dans la capture des proies, les Cnidaires étant des organismes prédateurs. Fondamentalement, le cycle de vie des Cnidaires comprend l'alternance d'une **phase libre planctonique sexuée**, la **méduse**, et une **phase fixée**, le **polype**, mais il existe de nombreuses altérations et certains Cnidaires ne sont représentés que par la phase méduse ou la phase polype (classe des Anthozoaires).

La dénomination « coraux » est un terme zoologique impropre, car il renferme toute une série d'organismes animaux différents qui ne sont pas issus d'un ancêtre commun (groupe polyphylétique) et qu'on retrouve à différents échelons de la classification des Cnidaires. Ainsi, le terme corail est appliqué à des Cnidaires variés possédant ou non un squelette calcaire rigide. Les coraux durs sont représentés par les Milleporidés (coraux de feu) et les Stylastéridés (coraux dentelles) qui appartiennent à la classe des Hydrozoaires, les Tubiporidés (coraux tuyau d'orgue) et les Hélioporidés (corail bleu) qui sont des Octocoralliaires calcifiés absents des récifs coralliens de l'océan Atlantique et, enfin, les Scléractiniaires de la sous-classe des Hexacoralliaires qui constituent la majorité des coraux durs des récifs coralliens des Caraïbes. Parmi les espèces ne possédant pas un squelette calcaire rigide, on regroupe les coraux mous (essentiellement les Alcyonaires de la sous-classe des Octocoralliaires) abondants dans l'Indo-Pacifique, mais pas dans le domaine de la Grande Caraïbe, et les Antipathaires (coraux noirs) de la sous-classe des Hexacoralliaires. Le squelette de ces derniers n'est pas calcifié de façon rigide ; de ce fait, les coraux noirs qui ont des formes de croissance rappelant les plantes, se meuvent au gré des courants comme le font les arbres soumis à des vents violents.

Ce guide est principalement consacré aux **Scléractiniaires** bâtisseurs de récifs peu profonds, mais il inclut également une espèce du genre *Stylaster* (Stylastéridés) et les différentes espèces du genre *Millepora* (Milléporidés) présentes au niveau des récifs des Caraïbes, car elles constituent un composant régulier des récifs coralliens et elles sont observées fréquemment par les plongeurs.

Classification simplifiée des Cnidaires. Les coraux durs sont indiqués en bleu. ▶

CLASSE	SOUS-CLASSE	ORDRE	FAMILLE
HYDROZOAIRES	Hydroïdes	Anthoathécatés	Milléporidés
			Stylastéridés
ANTHOZOAIRES	Octocoralliaires	Alcyonacés	Tubiporidés
		Hélioporacés	Hélioporidés
		Pennatulacés	
	Hexacoralliaires	Actiniaires	
		Zoanthaires	
		Corallimorphaires	
		Scléractiniaires	
		Antipathaires	
	Cérianthaires		

CUBOZOAIRES
(méduses, guêpes de mer)

SCYPHOZOAIRES
(grandes méduses)

ANATOMIE ET MORPHOLOGIE DES SCLÉRACTINIAIRES

Les Scléractiniaires sont dépourvus de phase méduse. Ils sont proches des Actiniaires (anémones de mer) mais, à la différence de ces derniers, ils sécrètent un squelette calcaire externe appelé **polypier** ou **corallum**.

LA PARTIE VIVANTE ET CONTRACTILE

La partie vivante et contractile qui recouvre le squelette calcaire est constituée par un (espèces solitaires) ou plusieurs **polypes** (espèces coloniales) ; la majorité des Scléractiniaires récifaux sont coloniaux. Chaque polype se présente sous la forme d'une colonne creuse contractile dont l'anatomie est celle, traditionnelle, des Cnidaires (voir p. 28) : deux couches tissulaires (épiderme ou ectoderme, gastroderme ou endoderme), mésoglée, bouche en position centrale entourée d'une ou plusieurs couronnes de tentacules lisses armés de cnidocytes. Une fois capturées, les proies sont dirigées vers la bouche puis dans la cavité gastro-vasculaire pour y être digérées. Un **pharynx** musculeux met en communication la bouche avec la cavité gastro-vasculaire centrale qui est divisée radialement par une série de cloisons verticales, les **mésentéroïdes** dont les bords libres se prolongent par des **filaments mésentériques** qui interviennent dans la sécrétion d'enzymes digestifs. Les mésentéroïdes contiennent les éléments musculaires rétracteurs des tentacules et constituent le site de différenciation et de maturation des produits sexuels. Les tentacules et les mésentéroïdes sont généralement au nombre de six ou un multiple de six, et sont disposés comme les rayons d'une roue de bicyclette : on parle de symétrie radiaire d'ordre six ou **symétrie hexaradiaire**. Chez les formes coloniales, les différents polypes de la colonie sont connectés les uns aux autres par un tissu le **cœnosarque** (ou cœnenchyme) contenant une extension de la cavité gastro-vasculaire.

On sépare traditionnellement les Scléractiniaires en deux groupes selon la présence ou non d'algues unicellulaires symbiotiques à l'intérieur des cellules de l'endoderme. La grande majorité des Scléractiniaires constructeurs de récifs peu profonds abritent des algues unicellulaires couramment appelées « zooxanthelles » dans leurs cellules endodermiques (endosymbiose). Ces algues font partie du groupe des dinoflagellés et appartiennent au genre *Symbiodinium*. Elles sont présentes en très grande quantité, puisqu'on peut en dénombrer jusqu'à plusieurs millions par centimètre carré de tissu vivant. De ce fait, les Scléractiniaires hébergeant des zooxanthelles dans leurs tissus ne se rencontrent que dans les eaux chaudes, claires et peu profondes des régions tropicales où les algues symbiotiques peuvent effectuer la photosynthèse. Grâce à ce processus, les algues produisent des composés organiques couvrant jusqu'à 80 % des besoins en carbone organique des polypes et stimulent la calcification du squelette. Ce sont elles, également, qui sont en grande majorité responsables de la coloration de la partie vivante des coraux, car elles renferment des pigments de différentes couleurs (jaune, vert, brun, rouge).

En revanche, la distribution bathymétrique des Scléractiniaires dépourvus de zooxanthelles ou Scléractiniaires non symbiotiques, n'est pas limitée par la profondeur de pénétration de la lumière dans l'eau. Ainsi, certaines espèces peuplent les grands fonds marins et sont inaccessibles aux plongeurs de loisir ; d'autres espèces peuvent être observées dans les zones sombres des récifs ou à faible profondeur sous les surplombs, à l'entrée des grottes, sous des blocs, là où la luminosité est minimale. Ces Scléractiniaires non symbiotiques sont capables de construire des récifs coral-

Structure morpho-anatomique d'un Scléractiniaire colonial.

Figure reprise de *Corals of the World* avec l'aimable autorisation de J. E. N. Veron.

liens profonds encore dénommés récifs coralliens d'eau froide sans toutefois que ces derniers atteignent la complexité et les dimensions des récifs coralliens peu profonds. À l'exception des espèces du genre *Tubastraea* qui sont relativement faciles à observer du fait de leurs couleurs vives, les autres espèces de Scléractiniaires ahermatypiques, généralement solitaires et de petite taille, sont discrètes et malheureusement très rarement observées par les plongeurs de loisir. C'est pourquoi, elles ne seront pas présentées dans ce guide, à l'exception de deux espèces du genre *Tubastraea* (*T. coccinea* et *T. micranthus*) qui sont des espèces nouvellement présentes dans la mer des Caraïbes et dont la biologie est particulièrement intéressante.

LE SQUELETTE

L'ectoderme de la base du polype, ou **couche calicoblastique**, renferme des **calicocytes**, cellules spécialisées qui sécrètent le squelette calcaire de l'animal, véritable réplique du polype. Ce squelette est donc « externe » (exosquelette) bien qu'il soit recouvert par les tissus vivants.

Étant donné que l'identification des différentes espèces de Scléractiniaires est essentiellement fondée sur la morphologie du squelette, il est primordial de s'attarder sur sa description. L'ensemble des éléments squelettiques d'un Scléractiniaire simple ou colonial est le **polypier** ou **corallum**, tandis que le **polypiérite** (*corallite* pour les anglophones) désigne le squelette sécrété par le polype individuel. Chaque polypiérite est constitué d'une paroi appelée **muraille** ou **thèque** qui prend naissance sur une lame calcaire, le **plateau basal** ou **plancher**. L'espace localisé à l'intérieur de la muraille constitue le **calice**. Ce dernier est divisé par des cloisons verticales, les **septes** se prolongeant fréquemment du côté externe de la muraille par les **côtes**. Parfois, les côtes sont absentes. Septes et côtes constituent les éléments radiaires et sont généralement au nombre de six ou un multiple de six (d'où le nom d'Hexacoralliaires, du grec *hex*, « six »). Chez les espèces du genre *Madracis*, la symétrie radiaire d'ordre six présente dans les stades juvéniles peut s'altérer et devenir de type huit ou dix. Si la muraille est peu développée ou invisible, la différenciation entre côtes et septes devient impossible ; dans ce cas, on parle de **costoseptes** ou plus simplement d'**éléments radiaires**. Côtes et septes peuvent être lisses ou ornementées d'épines plus ou moins développées et/ou de granules plus ou moins arrondis.

En ce qui concerne la disposition des septes dans le calice, on distingue des **cycles** (ensemble des septes apparus en même temps) et des **ordres** (ensemble des septes de même longueur). Lors de la croissance du polypiérite, il y a d'abord formation d'un premier cycle comprenant six septes puis les septes des cycles suivants se développent dans les espaces localisés entre les septes des cycles précédents. Le deuxième cycle comprend donc six septes, le troisième en comprend douze, le quatrième en comprend vingt-quatre et ainsi de suite. Généralement, les septes du premier et du second cycle sont de même longueur et constituent le premier ordre. Si les septes du troisième cycle (ou parfois du troisième et quatrième cycles lorsqu'ils sont de même longueur) sont plus courts, ils forment le deuxième ordre et ainsi de suite. Muraille et septes peuvent être perforés. Généralement le bord supérieur libre des septes est ornementé de dents plus ou moins bien développées et nombreuses selon les espèces. Chez certaines espèces de Scléractiniaires, on distingue à proximité du centre du calice une ou plusieurs couronnes de **lobes paliformes** ou de ***pali*** (singulier ***palus***). Un lobe paliforme correspond à l'ornementation la plus interne du bord libre des septes et équivaut donc à une dent septale particulièrement bien développée, pouvant prendre l'aspect d'un lobe septal interne se distinguant nettement du reste de l'ornementation septale. Au contraire, un ***palus*** est une formation squelettique en forme de pilier située dans le prolongement des septes, mais indépendante. Dans la pratique, la distinction entre lobes paliformes et *pali* n'est pas toujours très évidente même après avoir effectué un examen attentif à la loupe binoculaire. Le centre du calice est généralement occupé par une formation squelettique verticale, la **columelle**. Cette dernière est constituée d'un ou plusieurs processus squelettiques plus ou moins enchevêtrés, prenant naissance à partir du plancher et se développant dans des directions variées.

Les espèces de Scléractiniaires récifaux sont pour la plupart coloniales ; dans ce cas, les murailles des différents polypiérites sont reliées les unes aux autres par des éléments calcaires constituant le cœnosteum, sécrété par le cœnosarque. L'ensemble constitué par le cœnosteum et les côtes s'appelle **périthèque**.

ÉLÉMENTS DE MORPHOLOGIE UTILES POUR DISTINGUER LES DIFFÉRENTES ESPÈCES DE CORAUX

L'identification des différentes espèces de coraux repose essentiellement sur l'aspect général de la colonie, la taille et l'agencement des polypiérites, le nombre et la forme des septes et des côtes, la présence ou non d'une columelle, sa forme ainsi que sur les ornementations éventuelles du cœnosteum. Les Scléractiniaires récifaux sont le plus souvent sessiles (fixés au substrat), plus rarement libres, généralement coloniaux, mais parfois solitaires. Les formes solitaires, rares dans les Caraïbes, sont représentées essentiellement par les espèces du genre *Scolymia*.

L'observation de l'aspect externe des coraux permet de reconnaître **cinq types majeurs** de colonies (voir les photos p. 34) : les **colonies massives**, généralement de

Les coraux durs sont généralement coloniaux et fixés au substrat comme représentés ici par *Montastraea cavernosa* (à gauche) et plus rarement solitaires chez les espèces du genre *Scolymia* (à droite).

grande taille, ont un aspect le plus souvent hémisphérique ; les **colonies arborescentes** ou **branchues** se présentent sous la forme de branches plus ou moins épaisses et plus ou moins ramifiées ; les colonies encroûtantes forment une croûte plus ou moins épaisse qui épouse la forme du substrat sous-jacent ; les **colonies foliacées/lamellaires** constituent soit de fines plaques verticales soit des lames horizontales plus ou moins contournées ; enfin, les **colonies en forme de colonnes verticales** plus ou moins épaisses et allongées. La forme des colonies peut varier fortement au sein d'un même genre et les conditions du milieu peuvent influencer la forme des colonies on parle dans ces conditions d'**écomorphose**.

On reconnaît différents types d'agencement des polypiérites. Seuls les agencements rencontrés chez les Scléractiniaires des Caraïbes sont présentés ci-dessous (voir les photos p. 35) :

- si les différents polypiérites d'une colonie ont une muraille distincte et qu'ils sont séparés les uns des autres par un squelette commun (cœnosteum) on dit que l'agencement est de **type plocoïde** ;
- si les différents polypiérites d'une colonie sont séparés, qu'ils ne sont reliés entre eux que par leur base et que le cœnosteum réduit est uniquement présent à la base des murailles, l'agencement est de **type phacéloïde** ;
- si les polypiérites adjacents les uns aux autres ont une muraille commune et qu'il n'y a donc pas de cœnosteum, l'agencement est de **type cérioïde** ;
- si les calices adjacents fusionnent pour former des séries appelées vallées comprenant plusieurs centres calicinaux correspondant chacun à une bouche, alors l'agencement est de **type méandroïde** ;
- enfin, l'agencement est de type **flabello-méandroïde** si les centres calicinaux sont disposés dans des vallées sans murailles adjacentes communes. Parfois, au sein d'une même colonie, différents types d'agencement des polypiérites s'observent.

Lors de la formation des colonies, on distingue deux modes de bourgeonnement (voir la figure p. 34, en bas). Les nouveaux polypes peuvent se former :

- soit à l'extérieur de la couronne de tentacules y compris sur la paroi externe du polype parental : **bourgeonnement extra-tentaculaire** ou **extra-calicinal** ;
- soit à l'intérieur de la couronne de tentacules : **bourgeonnement intra-tentaculaire** ou **intra-calicinal**. Lorsque la séparation des polypes n'est pas complète, les colonies sont de type méandroïde.

Différents types de colonies rencontrées chez les Scléractiniaires des Caraïbes. À gauche, en haut, colonie massive (*Pseudodiploria strigosa*) ; à gauche, au milieu, colonie branchue (*Acropora prolifera*) ; à gauche, en bas, colonie encroûtante (*Stephanocoenia intersepta*) ; à droite, en haut, colonie foliacée (*Agaricia tenuifolia*) ; à droite, en bas, colonie en forme de colonne (*Dendrogyra cylindrus*).

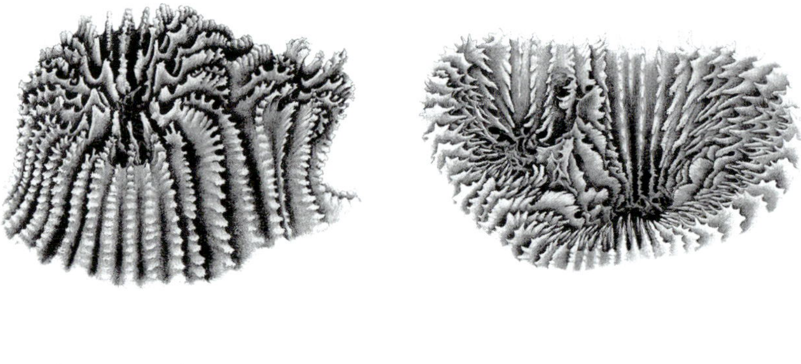

Modes de bourgeonnement : à gauche, bourgeonnement extra-tentaculaire ; à droite, bourgeonnement intra-tentaculaire.

Figures reprises de *Corals of the World* avec l'aimable autorisation de J. E. N. Veron.

Agencements différents des polypiérites. De haut en bas : type plocoïde (*Montastraea cavernosa*), type cérioïde (*Siderastrea siderea*), type phacéloïde (*Eusmilia fastigiata*), type méandroïde (*Colpophyllia natans*), type flabello-méandroïde (*Mussa angulosa*).

Figures reprises de *Corals of the World* avec l'aimable autorisation de J. E. N. Veron.

L'agitation de l'eau et la lumière sont les principaux facteurs écologiques exerçant une influence sur la morphologie des colonies coralliennes. Ainsi, dans les endroits calmes des récifs, le squelette des colonies est élancé et peu calcifié. Par contre, le squelette des colonies localisées dans les zones battues par les vagues est, le plus souvent, ramassé et fortement calcifié. Dans ces zones, les colonies branchues ont des branches courtes et épaisses.

Par ailleurs, les Scléractiniaires symbiotiques étant photophiles (c'est-à-dire qu'ils recherchent la lumière), lorsque la profondeur augmente, on note, dans un premier temps, la disparition des espèces branchues, puis un aplatissement des formes massives qui tendent à devenir encroûtantes afin d'offrir le maximum de surface pour capter le peu d'énergie lumineuse transmise en profondeur et, pour terminer, la présence uniquement de formes encroûtantes ou foliacées au bas des pentes récifales. De plus, le squelette des colonies coralliennes devient de plus en plus poreux lorsque la profondeur augmente, car la diminution de l'éclairement ralentit la calcification.

Les conditions écologiques exercent également une influence sur la vitesse de croissance des colonies coralliennes. Généralement, les espèces possédant un squelette poreux ou branchu ont tendance à croître plus rapidement que celles qui ont un squelette dense ou massif. Ainsi, la vitesse de croissance est le plus souvent comprise entre 1 et 10 mm par an pour les espèces de forme massive et atteint 100 à 150 mm par an pour les formes branchues comme les espèces du genre *Acropora*.

OCCURRENCE ET ABONDANCE DES CORAUX DANS LES CARAÏBES

Les différentes espèces de Scléractiniaires hermatypiques sont distribuées de façon remarquablement uniforme dans l'ensemble du domaine Caraïbe. Ainsi, les genres *Acropora*, *Agaricia*, *Diploria*, *Montastraea*, *Orbicella*, *Porites*, *Pseudodiploria* et *Siderastrea* sont observés au niveau de presque tous les récifs de cette zone et constituent plus de 90 % de la biomasse corallienne. À l'heure actuelle, plus de 700 espèces de Scléractiniaires symbiotiques ont été identifiées dans l'Indo-Pacifique, alors que pour l'ensemble des Caraïbes on en a recensé moins d'une soixantaine. Une partie de cette relative pauvreté dans les Caraïbes est compensée par le fait que plusieurs espèces présentent différentes formes (écomorphes ou écotypes) selon les conditions du milieu.

OBSERVATION DE LA REPRODUCTION DES CORAUX EN MILIEU NATUREL SUR UN RÉCIF DE GUADELOUPE

En août 2008, des plongées de nuit ont été réalisées environ une semaine après la pleine lune du mois d'août dans le but d'observer la reproduction sexuée des coraux. Le site de plongée « les Arches », situé environ à 5 km au nord de Port-Louis sur la façade ouest de l'île de Grande-Terre en Guadeloupe, a été sélectionné dans ce but. En effet, ce site est celui qui, dans la région de Port Louis, a le taux de recouvrement corallien le plus important et la plus forte diversité en espèces de coraux. Il fait partie d'un ensemble de récifs frangeants se terminant sur le sable à une vingtaine de mètres de profondeur.

Aucune activité reproductrice n'a été détectée six nuits après la pleine lune d'août. En revanche, la nuit suivante, plusieurs colonies d'*Orbicella faveolata* libérant des paquets contenant des cellules reproductrices (gamètes) femelles (ovocytes) et mâles (spermatozoïdes) ont été observées entre 22 heures et 22 h 40 (voir la photo p. 37).

Colonie d'*Orbicella faveolata* en train d'émettre ses cellules reproductrices. Remarquer l'essaimage concomitant d'annélides polychètes.

Alain Goyeau

Cette espèce est hermaphrodite simultané, c'est-à-dire que chaque polype produit un unique paquet contenant à la fois des ovocytes et des spermatozoïdes. Lors de la ponte, les paquets contenant les cellules reproductrices sont expulsés par la bouche des polypes et flottent à la surface de l'eau, où ils éclatent et libèrent leur contenu, assurant ainsi la fécondation.

L'émission massive et synchronisée des cellules reproductrices de plusieurs espèces de Scléractiniaires a été notée la huitième nuit. À 22 h 15, la libération des spermatozoïdes d'une colonie isolée de *Montastraea cavernosa*, localisée à 12 m de profondeur a été observée. Contrairement à l'espèce précédente, *M. cavernosa* est une espèce à sexes séparés (espèce gonochorique), c'est-à-dire qu'il existe des colonies ne contenant que des polypes mâles produisant des spermatozoïdes et d'autres ne renfermant que des polypes femelles formant des ovocytes. Un peu plus tard, l'émission massive des cellules reproductrices d'*O. faveolata* et de *Pseudodiploria strigosa* a été détectée (voir les photos p. 38). Cette dernière espèce est également hermaphrodite simultané comme *O. faveolata*.

De plus, la présence d'œufs fécondés (zygotes) à l'extrémité des tentacules d'*Eusmilia fastigiata* a été observée, indiquant que cette espèce était également prête à se reproduire (voir la photo p. 39, en haut). À la différence des autres espèces incubatrices, cette espèce ne libère pas des larves bien développées, mais des zygotes en phase de développement précoce.

Seule la reproduction de quelques colonies d'*O. faveolata* a été observée sept nuits après la pleine lune de septembre 2008 entre 21 h 30 et 22 heures.

En 2009, la reproduction sexuée des coraux a été de nouveau observée environ une semaine après la pleine lune d'août et de septembre. Les mêmes espèces ont été impliquées pendant les mêmes périodes. Cependant, contrairement à l'année précédente, la reproduction d'*O. faveolata* a été plus intense au mois de septembre qu'au mois d'août. De plus, bien qu'atteintes par la maladie de la bande jaune (*Yellow Band Disease*), certaines colonies d'*O. faveolata* ont néanmoins été capables de se reproduire de façon sexuée (voir la photo p. 39, en bas).

Trois espèces communes de Scléractiniaires rencontrées dans les Caraïbes (*M. cavernosa*, *O. faveolata* et *P. strigosa*) se reproduisent donc la nuit une semaine environ après la pleine lune d'août et/ou de septembre en Guadeloupe. Le phénomène d'émission

À gauche, colonie de *Pseudodiploria strigosa* en train d'émettre ses cellules reproductrices. À droite, colonie d'*Orbicella faveolata* libérant des paquets contenant des ovocytes et des spermatozoïdes. Alain Goyeau

des gamètes observé en Guadeloupe est très semblable à celui noté en d'autres endroits des Caraïbes. L'émission massive des cellules reproductrices de façon synchronisée a lieu généralement une fois par an, sept à huit nuits après la pleine lune à la fin de l'été (typiquement en août ou septembre), lorsque la température de l'eau de mer en surface est la plus élevée.

Colonie de *Pseudodiploria strigosa* libérant des paquets contenant des ovocytes et des spermatozoïdes. Alain Goyeau

À travers cet exemple, on peut noter l'extrême diversité des modes de reproduction chez les Scléractiniaires. Ainsi, certaines espèces sont hermaphrodites (un même polype produit à la fois des ovocytes et des spermatozoïdes), d'autres sont gonochoriques (les polypes produisent uniquement des ovocytes ou des spermatozoïdes). Certaines espèces émettent massivement et de façon synchronisée leurs cellules reproductrices à une saison bien déterminée ; d'autres au contraire, peuvent se reproduire toute l'année. Après fécondation externe dans la colonne d'eau, l'œuf fécondé (zygote) engendre une larve planctonique ciliée, la **planula**, qui intervient dans la dissémination de l'espèce, les adultes étant sessiles. Après une période de vie planctonique plus ou moins longue selon les espèces, la larve planula perd ses cils, tombe sur le fond et se métamorphose en un polype appelé **polype fondateur** qui bourgeonnera (multiplication asexuée) en donnant de nouveaux individus chez les espèces coloniales. Pour d'autres espèces

Colonie d'*Eusmilia fastigiata* contenant des zygotes (points blancs) à l'extrémité des tentacules.
Alain Goyeau

Ponte en masse d'une colonie d'*Orbicella faveolata* atteinte de la maladie de la bande jaune.
Alain Goyeau

la fécondation est interne. Dans ce cas, seuls les spermatozoïdes sont émis dans la colonne d'eau, puis ils pénètrent par la bouche dans la cavité gastro-vasculaire où se déroule généralement la fécondation interne. Des larves seront ensuite libérées dans un état de développement variable selon les espèces.

Enfin, certaines espèces sont capables de se reproduire de façon asexuée, c'est-à-dire sans faire intervenir de cellules reproductrices. Quelques espèces de coraux des Caraïbes (*Acropora cervicornis*, *A. palmata*, *Madracis auretenra*, *Orbicella annularis* et *Porites furcata*) peuvent se reproduire par fragmentation de colonies établies. Dans les zones soumises aux chocs des vagues (crête récifale) ou suite à un ouragan, des fragments se détachent des colonies mères dont certains s'attachent au substrat et sont à l'origine de nouvelles colonies. Ce mode de reproduction permet de faire face à la mortalité élevée des larves et des juvéniles et élimine le risque de disparition de génotypes localement adaptés. La fragmentation d'espèces à croissance rapide conduit à une dominance de ces espèces sur certaines zones du récif, une croissance accélérée du récif et une récupération plus rapide lors de perturbations.

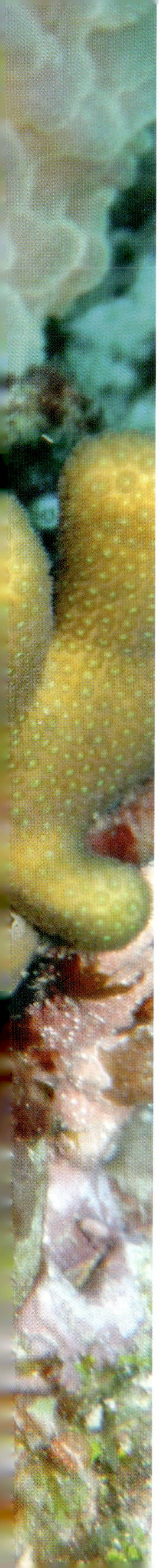

Les espèces

Partie 2

Madracis carmabi.

Guide d'identification des coraux durs des Caraïbes

Les coraux durs constitutifs des récifs coralliens sont, dans ce guide, répartis en six grands groupes morphologiques.

FORMES BRANCHUES

Colonies arborescentes formant des buissons denses. Branches de section cylindrique se divisant de façon peu fréquente et ressemblant à des bois de cerf. Polypiérites axiaux bien distincts. Tissus vivants restreints aux parties terminales des branches. Squelette fragile .... ***Acropora cervicornis,*** p. 56

Colonies formant des branches épaisses, aplaties, ramifiées, inclinées obliquement et parallèles les unes aux autres et ressemblant à des bois d'élan. Polypiérites de forme tubulaire et de longueur irrégulière. Squelette solide .... ***Acropora palmata,*** p. 59

Hybride entre *A. cervicornis* et *A. palmata*, ressemblant à *A. cervicornis,* mais avec des colonies plus touffues de taille en général plus modeste ; certaines branches fusionnent lorsqu'elles se croisent. Polypiérites axiaux légèrement plus grands que les polypiérites radiaires. Squelette fragile .... ***Acropora prolifera,*** p. 61

Colonies en bouquets de branches fines. Polypiérites de petite taille (diamètre : 3-4 mm) localisés exclusivement à l'extrémité des ramifications. Tissus vivants restreints aux parties terminales des branches. Colonies généralement libres .... ***Cladocora arbuscula,*** p. 189

Colonies en dôme formées de branches à ramification dichotomique très espacées terminées par un polypiérite ovale mesurant jusqu'à 3,5 cm de longueur. Tissus vivants restreints aux parties terminales des branches. Septes lisses espacés de façon régulière, disposés en 2 ordres alternants .... ***Eusmilia fastigiata* f. *fastigiata,*** p. 118

Colonies en dôme constituées de branches à ramification dichotomique très espacées se terminant par une série de deux ou trois polypiérites parfois plus pouvant atteindre jusqu'à 15 cm de longueur. Tissus vivants restreints aux parties terminales des branches. Septes lisses espacés de façon régulière, disposés en 2 ordres alternants .... ***Eusmilia fastigiata* f. *flabellata,*** p. 118

Colonies de branches fines et délicates aux extrémités généralement bifurquées. Tissus vivants restreints aux parties terminales des branches. 10 septes/calice. Cœnosteum en général couvert de petites épines formant parfois une crête entre les polypiérites. Tentacules des polypes épanouis de jour. Squelette fragile .... ***Madracis auretenra,*** p. 178

Petites colonies encroûtantes projetant généralement de petits lobes aux extrémités arrondies donnant un aspect noduleux à la colonie. 10 septes primaires/calice. Cœnosteum couvert de petites épines formant parfois une crête entre les polypiérites. Tentacules des polypes épanouis de jour .... ***Madracis decactis,*** p. 182

Hybride entre *M. formosa* et *M. decactis*. Colonies formant des touffes de branches relativement courtes et épaisses, de section ovale à ronde et aux extrémités bifurquées. Tissus vivants restreints aux parties terminales des branches. 10 septes primaires/calice. Cœnosteum finement granuleux .... ***Madracis carmabi,*** p. 180

Colonies formant des touffes de branches relativement courtes et épaisses (diamètre jusqu'à 3 cm) aux extrémités arrondies, parfois bifurquées. Polypiérites circulaires, largement espacés. 8 septes primaires/calice. Cœnosteum couvert de petites épines .... ***Madracis formosa,*** p. 184

Colonies charnues à branches courtes et épaisses (diam. → 5 cm), terminées par un grand polypiérite circulaire (→ 10 cm de diam.) ou par une série de 2-3 polypiérites, parfois plus. Septes fins, incurvés, très espacés, à grandes dents acérées, très espacées et disposées de façon régulière. Côtes bien développées s'étendant le long des branches .. .. ***Mussa angulosa,*** p. 160

Colonies formant des branches fines (diamètre inférieur à 1 cm) grossièrement horizontales. Polypiérites très espacés légèrement saillants. 24 septes/calice. Tentacules des polypes épanouis de jour .... ***Oculina diffusa,*** p. 175

Colonies en petits buissons arrondis dépassant rarement 15 cm de diamètre. Branches fines (diamètre < 1 cm), très espacées, aux extrémités généralement bifurquées et arrondies. Polypiérites petits (diamètre < 1,5 mm) et profonds. Tentacules des polypes épanouis de jour. Squelette fragile .... ***Porites divaricata,*** p. 100

Colonies formant des branches compactes de diamètre intermédiaire (1-2 cm) et dont les extrémités arrondies ressemblent à des doigts. Polypiérites petits (diamètre rarement > 1,5 mm) et profonds. Tentacules des polypes épanouis de jour. Squelette solide ... ***Porites furcata,*** p. 102

Colonies formant des branches épaisses (diam. → 2,5 cm) et trapues, dressées ou s'étalant dans tous les sens et dont les extrémités sont arrondies en forme de massue. Polypiérites petits (diamètre < 2 mm) et profonds. Tentacules des polypes épanouis de jour. Squelette solide .... ***Porites porites,*** p. 104

FORMES MÉANDROÏDES

Colonies en grande plaque ou en dôme. Vallées longues, sinueuses, larges de 15-40 mm, profondes de 10-12 mm, ouvertes et interconnectées. Fine rainure parcourant le sommet arrondi des collines. 8 à 9 septes/cm. Septes légèrement protubérants, égaux, munis de lobes paliformes et ornés de petites dents .... ***Colpophyllia natans* f. *natans,*** p. 144

Colonies en grande plaque ou en dôme. Vallées courtes comprenant moins de 5 centres calicinaux. Fine rainure parcourant le sommet arrondi des collines. 8 à 9 septes/cm. Septes légèrement protubérants, égaux, munis de lobes paliformes et ornés de petites dents .... ***Colpophyllia natans* f. *breviserialis,*** p. 145

Petites colonies pédonculées. Vallées discontinues et profondes jusqu'à 30 mm). Fine rainure parcourant le sommet arrondi des collines. 10 à 12 septes/cm, légèrement protubérants, égaux, munis de lobes paliformes et ornés de petites dents .... ***Colpophyllia natans* f. *amaranthus,*** p. 145

Colonies formant de grandes colonnes dressées (jusque 3 m de hauteur). Vallées sinueuses, peu profondes, étroites (largeur maximale : 5 mm) et discontinues. Septes lisses et épais. Tentacules des polypes épanouis de jour .... ***Dendrogyra cylindrus,*** p. 114

Grandes colonies formant des croûtes épaisses ou des dômes. Longues vallées sinueuses, continues, étroites et profondes dont les méandres évoquent un labyrinthe. Collines plus larges que les vallées (largeur pouvant dépasser 2 cm) avec une dépression centrale de largeur variable, parfois supérieure à celle des vallées, donnant l'impression qu'il existe deux types différents de vallées ... . ***Diploria labyrinthiformis,*** p. 146

Colonies d'aspect charnu en forme de dôme (diamètre < 20 cm). Fine rainure parcourant le sommet arrondi des collines. Septes peu nombreux ornés de grandes dents épineuses. Vallées étroites (largeur : 12-15 mm) et courtes, ne contenant que quelques centres calicinaux (forme multiflora) ; vallées larges (largeur : 20-25 mm) profondes, longues et sinueuses (forme *sinuosa* seule représentée ici) .... ***Isophyllia sinuosa,*** p. 158

Forme libre de petite taille. Présence d'une seule vallée centrale continue et de vallées latérales perpendiculaires. Fine rainure parcourant le sommet des collines. Columelle spongieuse. Septes épais ornés de grands lobes paliformes. Court pédoncule en forme de cône sur la face inférieure .... ***Manicina areolata*** **f.** ***areolata,*** p. 150

Colonies en forme de dôme. Vallées sinueuses discontinues. Fine rainure parcourant le sommet des collines. Columelle spongieuse. Septes épais ornés de grands lobes paliformes. Absence de pédoncule .... ***Manicina areolata*** **f.** ***mayori,*** p. 150

Petites colonies libres présentant un court pédoncucle conique. Présence d'une seule vallée centrale ou d'une vallée centrale se ramifiant en vallées plus courtes disposées perpendiculairement à la vallée centrale. Septes disposés en deux ordres alternants. Columelle lamellaire généralement continue et facilement visible .... ***Meandrina danae,*** p. 120

Colonies de taille petite à moyenne en forme de plaque (diamètre = 10-50 cm) ; colonies de grande taille encroûtantes (diamètre = 50-100 cm). Vallées peu profondes, droites ou sinueuses, continues ou fermées. Collines peu élevées et étroites, dépourvues de rainure. Septes peu élevés, épais, longs et fortement espacés donnant l'impression que les vallées sont larges. Columelle lamellaire généralement continue et facilement visible .... ***Meandrina jacksoni,*** p. 122

Colonies encroûtantes ou en plaque, constituant parfois des colonnes. Vallées profondes, longues et sinueuses ou droites et étroites. Collines élevées et larges, avec une fine rainure peu profonde visible au sommet. Alternance ou non de septes fins et épais. Columelle lamellaire discontinue, parfois absente .... ***Meandrina meandrites,*** p. 124

Colonies en forme de plaque ou de disque. Collines arrondies peu élevées délimitant de larges vallées (largeur : 3-8 cm) peu profondes (profondeur : 3-7 mm) renfermant une à trois rangées de centres calicinaux. Collines et vallées peu développées ou absentes au centre de la colonie. Collines et disques oraux des polypes de couleur blanchâtre .... ***Mycetophyllia aliciae,*** p. 162

Colonies en forme de plaque solide. Collines discontinues arrondies, parfois très courtes formant alors des monticules isolés. Longues vallées sinueuses, étroites (largeur : 10-20 mm), parfois profondes (profondeur : 10-12 mm), ne contenant qu'une seule rangée de centres calicinaux .... ***Mycetophyllia danaana,*** p. 164

Colonies en forme de fine plaque. Collines peu élevées dont le sommet est pourvu d'une fine rainure. Vallées sinueuses, étroites (largeur < 10 mm), peu profondes (profondeur : 3-5 mm), s'interconnectant et conférant un aspect de treillis à la colonie et ne contenant qu'une seule rangée de centres calicinaux .... ***Mycetophyllia ferox,*** p. 166

Colonies en forme de plaque solide. Collines continues, arrondies, fines. Vallées longues, sinueuses, étroites (largeur : 10-20 mm), peu profondes (profondeur < 10 mm) ne contenant qu'une seule rangée de centres calicinaux. Collines et vallées peu développées ou absente au centre de la colonie .... ***Mycetophyllia lamarckiana,*** p. 168

Colonies en dôme ou encroûtantes, avec en général de grosses excroissances irrégulières. Collines étroites à sommet dépourvu de rainure. Vallées beaucoup plus larges que les collines, sinueuses près du centre de la colonie, mais perdant leur sinuosité à proximité du bord externe de la colonie .... ***Pseudodiploria clivosa,*** p. 152

Colonies en forme de dôme ou encroûtantes à surface lisse. Vallées continues, longues et sinueuses. Collines arrondies presque aussi larges que les vallées et dont le sommet est parfois pourvu d'une rainure ....
Pseudodiploria strigosa, p. 154

FORMES LAMELLAIRES

Base encroûtante à partir de laquelle se dressent des expansions verticales bifaciales irrégulières basses et épaisses en forme de carènes. Surface de la colonie couverte de collines et de vallées discontinues ou réticulées. 4 à 5 centres calicinaux par cm .... ***Agaricia agaricites* f. *carinata*,** p. 66

Grands lobes épais bifaciaux de forme irrégulière dressés verticalement (hauteur : 10-15 cm) et imbriqués les uns dans les autres. Surface de la colonie couverte de collines et de vallées discontinues ou réticulées. 4 à 5 centres calicinaux par cm .... ***Agaricia agaricites* f. *danai*,** p. 66

Colonies formant de grandes plaques unifaciales horizontales épaisses dépourvues de projections verticales. Surface de la colonie couverte de collines et de vallées discontinues ou réticulées. 4 à 5 centres calicinaux par cm .... ***Agaricia agaricites* f. *purpurea*,** p. 66

Petites colonies en minces plaques horizontales ou en soucoupes fines et fragiles (épaisseur : 2 à 3 mm). Surface lisse et couverte de collines et de vallées étroites (largeur : 2-4 mm), continues, concentriques et sensiblement parallèles au contour général de la colonie. 5 à 8 centres calicinaux par cm .... ***Agaricia fragilis* f. *fragilis*,** p. 68

Petites colonies formant de minces plaques horizontales. Surface de la colonie bosselée de façon irrégulière et couverte de collines et de vallées. Collines basses parfois difficilement discernables. Polypiérites resserrés les uns contre les autres .... ***Agaricia fragilis* f. *contracta*,** p. 68

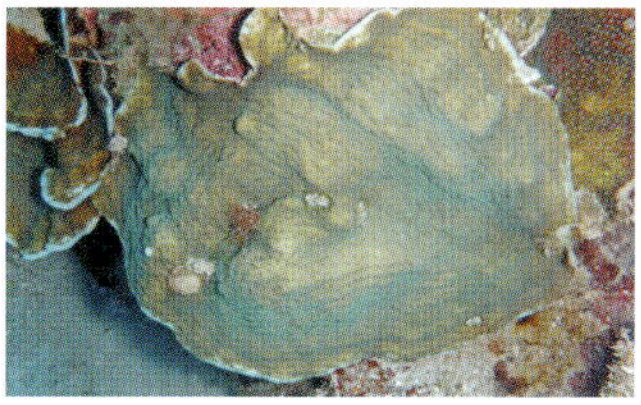

Colonies en grandes plaques unifaciales minces et horizontales s'enroulant en spirales et se recouvrant partiellement, aux bords externes surélevés. Surface de la colonie couverte de collines et de vallées étroites et continues en forme de « V », grossièrement concentriques. 3 à 5 centres calicinaux par cm. Squelette fragile. Bord de la colonie blanchâtre .... ***Agaricia grahamae*,** p. 70

Colonies formant de minces plaques unifaciales horizontales dont les bords externes sont plus ou moins surélevés, s'enroulant parfois en spirales et se recouvrant partiellement. Surface de la colonie couverte de collines et de vallées continues grossièrement concentriques. 3 à 5 centres calicinaux par cm. Polypes en forme d'étoiles de couleur blanche caractéristique localisés dans le fond des vallées .... ***Agaricia lamarcki,*** p. 74

Colonie constituées de groupes de frondes bifaciales pouvant être plates et disposées régulièrement mais pouvant aussi prendre un aspect irrégulier en fusionnant et/ou se divisant. Surface de la colonie couverte de collines et de vallées. Vallées discontinues irrégulières, grossièrement concentriques. Squelette fragile .... ***Agaricia tenuifolia,*** p. 76

Colonies en minces plaques unifaciales horizontales aux bords externes surélevés s'enroulant souvent en forme de spirales. Surface de la colonie couverte de collines et de vallées larges à fond plat. Vallées continues irrégulières grossièrement concentriques, continues, à bord externe plus abrupt que le bord interne. Collines basses et arrondies. 5 à 8 centres calicinaux par cm, non centrés dans les vallées mais adossés contre le bord externe abrupt des collines. Squelette fragile .... ***Agaricia undata,*** p. 78

Colonies en plaques ou en soucoupes unifaciales fines et irrégulières. Polypiérites fortement inclinés vers le bord de la colonie à aspect typique en « nid d'hirondelle », irrégulièrement distribués ou associés par 3-6 en courtes séries disposées en rangées ± concentriques. Centres calicinaux adossés contre le bord externe abrupt des collines. Squelette fragile .... ***Helioseris cucullata,*** p. 80

Colonies en plaques minces unifaciales épousant la forme du substrat. Surface de la colonie couverte de polypiérites saillants en forme de petits dômes disposés en lignes grossièrement concentriques. Septes fins de taille égale et espacés de façon régulière .... ***Mycetophyllia reesi,*** p. 170

Colonies en fines plaques encroûtantes s'enroulant parfois en spirales. Surface de la colonie généralement lisse, parfois bosselée. Petits polypiérites (diamètre < 1,5 mm) en « nid d'abeilles » .... ***Porites colonensis,*** p. 98

FORMES MASSIVES OU ENCROÛTANTES

Colonies constituant des croûtes épaisses ou forme de dôme. Surface de la colonie couverte de collines et de vallées discontinues ou réticulées. 4 à 5 centres calicinaux par cm .... ***Agaricia agaricites*** f. ***agaricites,*** p. 66

Petites colonies de forme submassive dont la surface est irrégulière. Polypiérites agencés selon le type cérioïde mais parfois de courtes vallées pouvant contenir jusqu'à 3 centres calicinaux sont présentes (agencement de type méandroïde). Dans ce dernier cas, les vallées sont séparées par des collines de hauteur irrégulière et disposées sans aucun ordre apparent .... ***Agaricia humilis,*** p. 72

Colonies formant de petits monticules ou des plaques épaisses. Polypiérites proéminents agencés selon le type plocoïde (polypiérites de forme circulaire à elliptique) à méandroïde (courtes vallées rectilignes ou en « Y »). Alternance de septes fins et épais fusionnant avec la fine columelle lamellaire continue ou discontinue. Septes principaux ornés de petits lobes paliformes. Cœnosteum granuleux .... ***Dichocoenia stokesii,*** p. 116

Petites colonies encroûtantes ou en dôme (diamètre < 5 cm). Polypiérites proéminents agencés selon le type plocoïde à méandroïde avec des vallées courtes. Lobes paliformes parfois bien développés. Septes granuleux dont le bord libre est orné de petites dents, espacées régulièrement .... ***Favia fragum,*** p. 148

Colonies charnues en forme de petit dôme (diamètre ≤ 20 cm). Grands polypiérites individuels irréguliers (diamètre > 1 cm) ou agencés en séries ne comprenant que deux centres calicinaux. Septes fins légèrement saillants, munis de fines dents pointues .... ***Isophyllia rigida,*** p. 156

Colonies en plaques épaisses (forme *luciphila*, seule représentée ici) ou des croûtes fines en forme de longs rubans ou des touffes de petits lobes nombreux (forme *pharensis*). Polypiérites circulaires à polygonaux. 10 septes primaires/calice. Présence de lobes paliformes bien développés formant une couronne encerclant la columelle styliforme. Cœnosteum couvert de petites épines ....
.... ***Madracis pharensis,*** p. 186

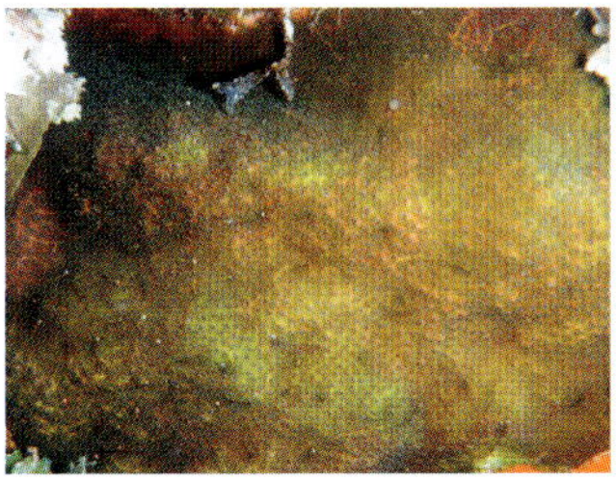

Colonies formant des monticules ou de courtes colonnes (milieu peu profond) ou encroûtantes (milieu plus profond). Grands polypiérites coniques (diamètre = 4-15 mm) agencés selon le type plocoïde. Cœnosteum non granuleux .... ***Montastraea cavernosa,*** p. 137

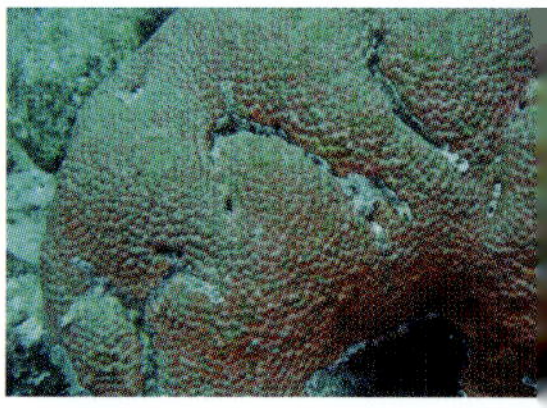

Colonies formant des colonnes irrégulières longues et épaisses dont le sommet est en forme de dôme élargi. Tissus vivants restreints aux portions supérieures des colonnes. Surface lisse. Polypiérites circulaires (diamètre = 2,1-2,6 mm) saillants, espacés régulièrement .... ***Orbicella annularis,*** p. 130

Colonies constituant de grandes plaques dont la surface porte fréquemment des excroissances en forme de cônes distribuées en rangées verticales. Polypiérites circulaires (diamètre = 2,1-2,6 mm) distribués uniformément. Disques oraux des polypes verts .... ***Orbicella faveolata,*** p. 132

Colonies massives dont la surface est irrégulière. Polypiérites plus grands (diamètre = 2,4-3,4 mm) et plus variables en taille que ceux de *O. annularis* et *O. faveolata* et distribués de façon irrégulière ...... ***Orbicella franksi,*** p. 134

Colonies de forme massive (milieu peu profond) ou encroûtante (milieu plus profond) dont la surface est bosselée. Petits polypiérites (diamètre < 2 mm). Tentacules des polypes épanouis de jour .... ***Porites astreoides,*** p. 94

Colonies formant de petites plaques encroûtantes avec parfois des digitations épaisses. Petits polypiérites (diamètre < 2 mm). Tentacules des polypes épanouis de jour. Lorsque les tentacules sont rétractés, les petits polypiérites polygonaux apparaissent ce qui confère à la colonie un aspect poreux .... ***Porites branneri,*** p. 96

Colonies de petite taille (diamètre rarement > 10 cm), encroûtantes pouvant former des nodules libres. Petits polypiérites (diamètre = 2-4 mm) irréguliers, de contour circulaire à polygonal, en forme d'entonnoirs relativement profonds. Septes nombreux visible *in situ*. Centres des calices de couleur sombre........ ***Siderastrea radians,*** p. 108

Colonies formant de grands dômes (> 1 m). Polypiérites irréguliers de taille moyenne (diamètre = 3-6 mm), de contour circulaire à polygonal, en forme d'entonnoirs profonds. Septes nombreux difficiles à observer *in situ* .... ***Siderastrea siderea,*** p. 110

Colonies formant de petits dômes dont la surface présente parfois de légers bombements irréguliers. Colonies pouvant former des nodules libres. Polypiérites circulaires légèrement saillants. Centres des calices de couleur sombre. Tentacules des polypes généralement épanouis de jour .... ***Solenastrea bournoni,*** p. 190

Colonies formant des lobes portant des renflements irréguliers. Polypiérites à bords saillants, espacés irrégulièrement. Tentacules des polypes généralement épanouis de jour. Sur le vivant, les colonies apparaissent tachetées .... ***Solenastrea hyades,*** p. 192

Colonies formant des croûtes épaisses ou des dômes. Petits polypiérites (diamètre = 2-3 mm) peu saillants. 24 septes/calice. Tentacules des polypes épanouis de jour et de couleur plus sombre que le cœnosteum. Lorsque l'on touche la colonie, les tentacules des polypes se rétractent rapidement ce qui donne l'impression que la colonie pâlit . ... ***Stephanocoenia intersepta,*** p. 84

FORMES SOLITAIRES

Diamètre compris entre 3 et 10 cm. Dents septales nombreuses (> 5 dents par cm).

Dents septales non fusionnées, longues et minces .... ***Scolymia cubensis,*** p. 172

Dents septales fines, cylindriques, fragiles, parfois recourbées (aspect de crochet) et fusionnées .... ***Scolymia wellsii,*** p. 172

Diamètre pouvant atteindre 15 cm. Septes saillants et épais. Grandes dents septales de forme triangulaire (< 5 dents/cm) non fusionnées. Polype charnu apparaissant verruqueux au niveau des grandes dents septales............. .... ***Scolymia lacera,*** p. 172

HYDROZOAIRES, CORAUX DE FEU

Colonies formant des branches nombreuses et fines ou encroûtant les gorgones mortes .... *Millepora alcicornis,* p. 199

Colonies formant des plaques ou des lames verticales minces se dressant à partir d'une base encroûtante .... *Millepora complanata,* p. 202

Colonies formant des plaques verticales épaisses peu élevées fusionnant généralement pour constituer des structures en forme de « nid d'abeilles » et émergeant d'une base encroûtante .... *Millepora squarrosa,* p. 204

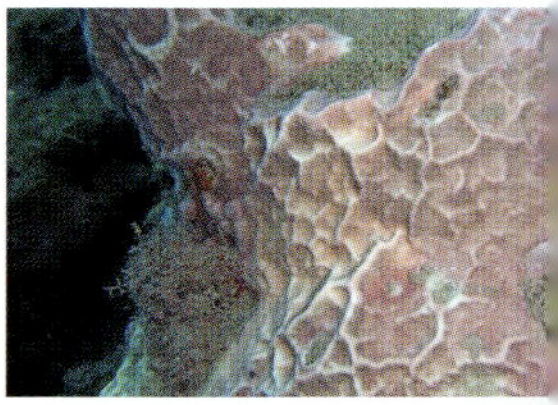

Colonies formant des plaques fines à bords très tranchants faiblement connectées .... *Millepora striata,* p. 206

Petites colonies branchues de coloration lavande à pourpre dont les ramifications s'étendent dans un seul plan et dont les extrémités des branches sont plus pâles et généralement roses ou blanches .... *Stylaster roseus,* p. 208

Plongeur évoluant au-dessus d'un récif corallien, archipel des Saintes, Guadeloupe.

Sous-ordre *Refertina* Okubo, 2016
Famille des *Acroporidae* Verrill, 1902

Coraux coloniaux fixés avec zooxanthelles.
Colonies de forme variable (encroûtantes, massives ou branchues).
Bourgeonnement extra-tentaculaire.
Polypiérites de petite taille (diamètre < 3 mm) agencés selon le type plocoïde.
Septes peu développés et disposés en un ou deux cycles.
Columelle peu développée ou absente.
Cœnosteum poreux.
Tentacules des polypes généralement épanouis uniquement la nuit. Les Acroporidés recherchent généralement la lumière et les zones à fort hydrodynamisme.

Cette famille est représentée uniquement par le genre *Acropora* (trois espèces) dans les Caraïbes.

GENRE *ACROPORA* OKEN, 1815

Colonies de forme le plus souvent branchue, arborescente ou tabulaire. Polypiérites de petite dimension (diamètre généralement inférieur à 3 mm), de forme circulaire, agencés selon le type plocoïde. Présence de deux types de polypiérites : des polypiérites terminaux ou axiaux localisés aux extrémités des branches et des polypiérites latéraux ou radiaires situés de manière rayonnante autour des branches sur quasiment toute leur longueur. Polypiérites axiaux généralement de taille légèrement plus importante à celle des polypiérites radiaires avec une muraille plus épaisse. Muraille et cœnosteum poreux. Septes généralement disposés en deux cycles. Généralement pas de columelle. Tentacules des polypes épanouis uniquement de nuit. Les espèces du genre *Acropora* rencontrées dans les Caraïbes se présentent uniquement sous la forme de colonies branchues.

Le genre *Acropora* est celui qui renferme le plus d'espèces de Scléractiniaires. Ainsi, actuellement, on a identifié plus d'une centaine d'espèces du genre *Acropora* dans l'Indo-Pacifique ; par contre, on ne connaît que trois espèces du genre *Acropora* dans les Caraïbes (*A. cervicornis*, *A. palmata* et *A. prolifera*). Ces trois espèces sont regroupées au sein d'un groupe monophylétique : le groupe *Acropora cervicornis*. Les caractéristiques de ce groupe sont les suivants : polypiérites radiaires séparés les uns des autres, de taille moyenne à large, à ouverture nariforme (en forme de narine), cœnosteum réticulé, hérissé d'épines simples à pointe unique.

Acropora cervicornis et *A. palmata* sont classés comme des espèces en danger critique d'extinction selon les critères de la liste rouge de l'UICN car leurs populations ont diminué de plus de 80 % pendant les 30 dernières années. Bien que les populations actuelles semblent stables, il existe des endroits où les populations continuent à diminuer et d'autres où elles semblent se reconstituer. Par ailleurs, les trois espèces du genre *Acropora* font l'objet d'un arrêté en Guadeloupe, en Martinique et à Saint-Martin fixant les modalités de leur protection (voir annexe p. 220).

Acropora cervicornis.

Acropora palmata.

Acropora prolifera.

Acropora cervicornis peut former des colonies à la surface des fonds sableux.

Corail bois de cerf

Acropora cervicornis (Lamarck, 1816)

CR

CARACTÈRES DISTINCTIFS

Grandes colonies branchues arborescentes formant des buissons denses pouvant mesurer jusqu'à 3 m de hauteur. Branches de section cylindrique pouvant atteindre 25 à 30 mm de diamètre, se divisant de façon peu fréquente et ressemblant à des bois de cerf, d'où son nom vernaculaire. Seules les parties terminales des branches sont recouvertes de tissus vivants alors que les parties basales des branches sont nécrosées et souvent incrustées d'algues calcaires. Polypiérites de forme tubulaire, agencés selon le type plocoïde. Polypiérites axiaux visibles au sommet de chaque branche légèrement plus grands que les polypiérites radiaires. Polypiérites radiaires bien développés, séparés les uns des autres, à ouverture nariforme (en forme de narine). 12 septes disposés en 2 cycles. Muraille et cœnosteum poreux. Squelette fragile, aux branches se brisant facilement.

COULEUR

Marron à jaune brunâtre, extrémité des branches plus pâle, souvent blanchâtre.

HABITAT

Espèce préférant les eaux claires et calmes et étant observée le plus souvent entre une vingtaine de mètres de profondeur et la surface mais pouvant encore être rencontrée jusqu'à la profondeur maximale de 50 m. L'habitat typique de cette espèce correspond à la partie supérieure de la pente externe constituant la

Les colonies branchues sont constituées de branches cylindriques, se divisant de façon peu fréquente, et ressemblent à des bois de cerf.

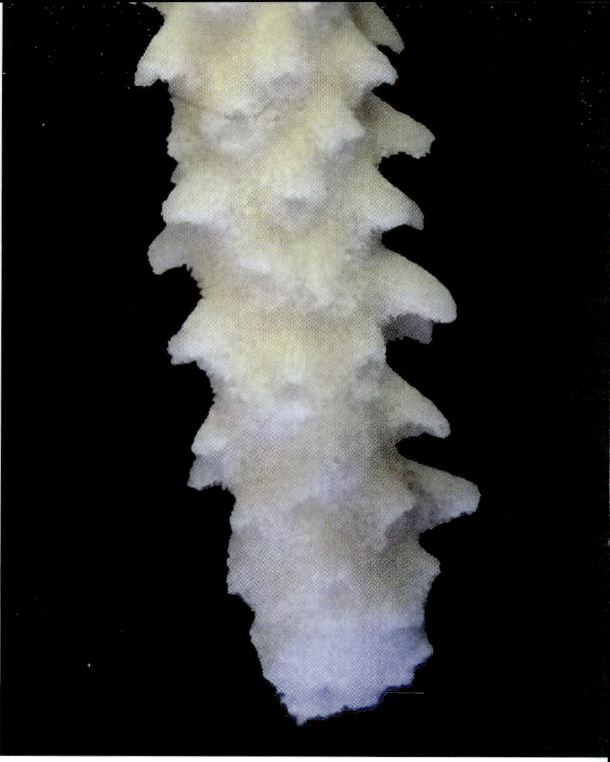

Squelette d'une branche montrant l'agencement des polypiérites de type plocoïde.

zone à *Acropora cervicornis* (voir la partie consacrée à la zonation des récifs coralliens, p 15 et suivantes). Malheureusement, à l'heure actuelle cette espèce s'est considérablement raréfiée suite à l'émergence de la maladie de la bande blanche et elle constitue dorénavant des agrégats séparés. Espèce colonisant parfois les zones sableuses des récifs où elle forme alors des buissons denses. Croissance rapide pouvant atteindre 10 à 15 cm par an lorsque les conditions du milieu sont favorables. Multiplication par fragmentation possible notamment dans les zones fréquemment soumises aux ouragans.

DISTRIBUTION

Espèce jadis abondante dans toute l'aire de répartition géographique couverte par ce guide mais s'étant considérablement raréfiée car touchée par le « blanchissement » et la maladie de la bande blanche (voir la partie consacrée aux récifs gravement menacés de disparition, p. 17 et suivantes).

Fragments de colonies en suspension dans la colonne d'eau en vue d'une transplantation ultérieure.

Denis Ader

Acropora palmata : les colonies forment des branches épaisses, aplaties, ramifiées, inclinées obliquement et parallèles les unes aux autres ressemblant à des bois d'élan.

Corail bois d'élan

Acropora palmata (Lamarck, 1816)

CR

CARACTÈRES DISTINCTIFS

Espèce la plus grande de toutes les espèces de Scléractiniaires. Grandes colonies pouvant mesurer jusqu'à 4 m de longueur et 2 m de hauteur. Colonies formant des branches épaisses, aplaties, ramifiées, inclinées obliquement et parallèles les unes aux autres et ressemblant à des bois d'élan, d'où le nom vernaculaire. Polypiérites de forme tubulaire, agencés selon le type plocoïde. Polypiérites axiaux et radiaires peu différenciés. Polypiérites radiaires, saillants, de taille variable (2 à 3 mm de diamètre), séparés les uns des autres, à ouverture nariforme (en forme de narine). 12 septes disposés en 2 cycles. Muraille et cœnosteum poreux. Squelette relativement solide, les branches ne se brisent que si l'on applique une certaine pression.

COULEUR

Marron à jaune brunâtre, extrémités des branches de couleur plus pâle.

HABITAT

Espèce rencontrée à faible profondeur, généralement au sommet des récifs dans la zone de déferlement des vagues, entre la surface et une dizaine de mètres de profondeur, mais pouvant encore être observée jusqu'à la profondeur maximale de 20 m. Colonies pouvant devenir encroûtantes dans les zones très

En haut, colonie juvénile.
À droite, vue de détail de l'extrémité d'une branche.

Denis Ader

battues par la houle. Branches parfois exposées à l'air libre lors des marées basses, orientées parallèlement aux courants marins dominants. L'habitat typique de cette espèce correspond à la crête récifale constituant la zone à *Acropora palmata* (voir la partie consacrée à la zonation des récifs coralliens p. 15 et suivantes). Malheureusement, à l'heure actuelle cette espèce est rarement commune. Avant les années 1980 la crête récifale était dominée par *Acropora palmata* mais du fait de la raréfaction de cette espèce suite à l'émergence de la maladie de la bande blanche, cette zone est actuellement constituée en majorité de colonies mortes d'*A. palmata* recouvertes de coraux de feu et d'algues rouges encroûtantes (corallines). Espèce pouvant couvrir des surfaces importantes et à croissance rapide, pouvant atteindre 10 à 15 cm par an lorsque les conditions du milieu sont favorables. Multiplication par fragmentation possible, notamment dans les zones fréquemment soumises aux ouragans. Espèce autrefois utilisée dans les Antilles afin de confectionner la chaux, d'où son nom créole « pâte à chaux ».

DISTRIBUTION

Jadis abondante dans toute l'aire de répartition géographique couverte par ce guide, cette espèce s'est considérablement raréfiée car touchée par le « blanchissement » et la maladie de la bande blanche (voir p. 23).

Détail de la surface de la colonie montrant les polypiérites saillants.

Acropora prolifera : les colonies se présentent sous la forme d'arborescences touffues.

Corail bois de cerf fusionné

Acropora prolifera (Lamarck, 1816)

NE

CARACTÈRES DISTINCTIFS

Colonies branchues ressemblent à celles d'*Acropora cervicornis*, mais s'en distinguant par le fait qu'elles sont généralement plus petites, plus touffues et par la fusion de certaines branches lorsqu'elles se croisent ou lorsqu'elles grossissent en position latérale proches les unes des autres. Branches de section circulaire atteignant jusqu'à 12 mm de diamètre. Polypiérites de forme tubulaire, légèrement saillants, agencés selon le type plocoïde. Polypiérites axiaux de forme allongée légèrement plus grands que les polypiérites radiaires. Polypiérites radiaires séparés les uns des autres à ouverture nariforme (en forme de narine) et irréguliers en longueur. 12 septes disposés en 2 cycles. Muraille et cœnosteum poreux. Squelette fragile, les branches se brisent facilement.

COULEUR

Marron à jaune brunâtre, extrémité des branches plus pâle, souvent blanchâtre.

HABITAT

Espèce observée à faible profondeur, généralement en haut des récifs dans la zone de déferlement des vagues, entre la surface et une quinzaine de mètres de profondeur, mais pouvant encore être rencontrée jusqu'à la profondeur maximale de 30 m. Croissance rapide, pouvant atteindre 10 à 15 cm par an lorsque les conditions du milieu sont favorables. Multiplication par fragmentation possible, notamment dans les zones fréquemment soumises aux ouragans.

DISTRIBUTION

Espèce présente dans toute l'aire de répartition géographique couverte par ce guide aux endroits où cohabitent *A. cervicornis* et *A. palmata*. Espèce auparavant rare, occupant les habitats marginaux en eau peu profonde de la crête récifale ou de l'arrière récif non occupés par les deux autres espèces mais qui, depuis le déclin prononcé d'*Acropora cervicornis* et *A. palmata*, tend à devenir plus commune. Cette espèce a la capacité de coloniser des habitats marginaux et de s'adapter aux changements environnementaux.

CONSIDÉRATIONS TAXONOMIQUES

Malgré leurs formes distinctes, le statut taxonomique des trois espèces de coraux du groupe *A. cervicornis* (au sens de Wallace, 1999) a été débattu pendant plus d'un siècle. Certains scientifiques considèrent *A. prolifera* comme une variété (un morphotype) d'*A. cervicornis* ; d'autres, en se basant sur la morphologie (*A. prolifera* présente des caractères intermédiaires entre *A. cervicornis* et *A. palmata*) et la distribution spatiale (*A. prolifera* n'est présent qu'aux endroits où cohabitent *A. cervicornis* et *A. palmata*) pensent qu'il s'agit plutôt d'un hybride entre *A. cervicornis* et *A. palmata*, ces deux espèces émettant leurs gamètes dans la colonne d'eau et présentant un recouvrement des périodes d'émission des gamètes.

Les données d'ordre moléculaire (van Oppen *et al.*, 2000 ; Vollmer et Palumbi, 2002 ; Miller et van Oppen, 2003) tendent à prouver qu'*A. prolifera* est un hybride de première génération entre *A. cervicornis* et *A. palmata*. À Porto Rico, mais pas ailleurs dans la mer des Caraïbes, les colonies d'*A. prolifera* se présentent sous deux aspects différents : une forme plus buissonnante et une autre plus palmée. Les colonies de forme plutôt arborescente (buissonnante) proviendraient de la fécondation d'un ovule d'*A. palmata* par un spermatozoïde d'*A. cervicornis* et inversement pour la forme plutôt palmée (Vollmer et Palumbi, 2002). En outre, des expériences de fécondation artificielle réalisées à partir de gamètes prélevés en Floride et au Belize ont montré que les ovules d'*A. cervicornis* peuvent être fécondés par des spermatozoïdes d'*A. palmata* alors que l'inverse se produit rarement et que la viabilité des embryons dans ces conditions est réduite quelques heures après fécondation (Fogarty *et al.*, 2012). *Acropora prolifera* ne serait donc pas une espèce au sens biologique du terme (individus pouvant se reproduire entre eux et engendrer une descendance viable et féconde) ; cependant, elle présente une morphologie distincte et on utilise ce nom pour faire référence à ce morphoytype unique (espèce morphologique).

À l'heure actuelle on ne connaît pas encore précisément le degré d'isolement reproductif d'*A. prolifera* vis-à-vis de ses espèces parentales. Il semblerait que quelques individus hybrides soient capables de produire des gamètes viables et pourraient se rétrocroiser[a] avec *A. cervicornis* (van Oppen *et al.*, 2000 ; Vollmer et Palumbi, 2002, 2007 ; Fogarty *et al.*, 2012). Ce processus autoriserait un transfert horizontal de gènes[b] d'*A. palmata* vers le pool génétique d'*A. cervicornis* (phénomène d'introgression) permettant des changements évolutifs rapides dans un environnement changeant (Fogarty *et al.*, 2012). En outre, étant donné que toutes les colonies d'*A. prolifera* testées jusqu'à présent apparaissent être des hybrides de première génération, il semble que les hybrides ne se reproduisent pas entre eux. L'absence de fossiles d'*A. prolifera* indique que cette hybridation est un processus relativement récent ou que les conditions environnementales récentes ont favorisé la survie des hybrides. Par ailleurs, la capacité à se propager de manière asexuée par fragmentation (clonage) dont fait preuve *A. prolifera* assure l'existence de génotypes hybrides à durée de vie longue, voire potentiellement illimitée. De plus, le mécanisme d'hybridation génère de nouveaux morphotypes adaptés à des milieux particuliers (milieux marginaux en eau peu profonde de la crête récifale ou de l'arrière récif) non occupés par les deux espèces parentales (occupation de nouvelles niches écologiques).

[a] rétrocroisement : croisement d'un individu hybride avec l'un de ses parents.
[b] transfert horizontal de gènes : processus dans lequel un organisme intègre du matériel génétique provenant d'un autre organisme sans en être le descendant

Acropora prolifera

REMARQUES

Acropora cervicornis et *A. palmata* étaient jadis des espèces très communes dans l'ensemble de l'aire de répartition géographique décrite dans ce guide. Le déclin de ces espèces a commencé à être décelable dans les années 1970 ; ainsi, en certains endroits on note une diminution de l'abondance de ces espèces pouvant dépasser 95 %. Ce déclin très prononcé entraîne une prédominance sur certains sites de macroalgues et une réduction de l'accrétion récifale (dépôt de carbonate de calcium). Ce déclin est très vraisemblablement lié à une combinaison de facteurs parmi lesquels les ouragans, l'eutrophisation, la sédimentation, le stress thermique, la prédation par le gastéropode *Corallophilla abbreviata*, le blanchissement et, le plus important de tous, la maladie de la bande blanche (*White Band Disease* : WBD). Face à cette situation alarmante, ces deux espèces ont acquis le statut d'espèces protégées aux États-Unis depuis 2003 et sont dorénavant classées dans l'annexe II de la CITES (Convention sur le commerce international des espèces de faune et de flore sauvages menacées d'extinction) ainsi que comme espèce en danger critique d'extinction selon la liste rouge de l'UICN (Union internationale pour la conservation de la nature), car les populations de cette espèce ont diminué de plus de 80 % pendant les 30 dernières années. Néanmoins, depuis quelques années, on observe sur certains sites quelques signes encourageants indiquant la présence de nouvelles colonies qui se sont installées sur les anciennes colonies mortes. Il convient également de noter qu'en même temps que l'on a observé le déclin prononcé d'*Acropora cervicornis* et *A. palmata*, l'espèce hybride *A. prolifera*, rare auparavant, a commencé à devenir plus commune.

Ainsi, à l'heure actuelle et sur certains sites, la densité d'*A. prolifera* excède celle d'au moins l'une des deux espèces parentales. De nombreuses colonies d'*A. prolifera* viennent d'être observées récemment dans la baie du Grand Cul-de-Sac en Guadeloupe (janvier 2013) alors qu'il n'y en avait pas en mai 2011 (Japaud *et al.*, 2014). Du fait de la diminution de la densité des colonies parentales, les œufs flottent probablement non fécondés, augmentant de ce fait la probabilité de rencontre avec des spermatozoïdes hétérospécifiques et ainsi la formation d'embryons hybrides.

Sous-ordre *Refertina* Okubo, 2016
Famille des *Agariciidae* Gray, 1847

Colonies généralement encroûtantes, lamellaires ou foliacées, parfois massives.
Bourgeonnement intra-tentaculaire.
Polypiérites agencés selon le type plocoïde, cérioïde ou méandroïde.
Polypiérites de taille petite à moyenne.
Septes très fins, nombreux, proches les uns des autres, s'étendant fréquemment d'un centre calicinal à l'autre (costoseptes).
Murailles peu visibles formées par épaississement des costoseptes.
Columelle styliforme (en forme de baguette) ou papilleuse, parfois absente.
Tentacules des polypes de taille réduite et généralement épanouis uniquement la nuit.

Traditionnellement, la famille des Agaricidés renfermait des coraux coloniaux fixés avec zooxanthelles ; cependant, grâce aux techniques de la biologie moléculaire et à l'étude fine du squelette (analyse microstructurale), une espèce solitaire et dépourvue de zooxanthelle, *Dactylotrochus cervicornis*, a été rattachée à cette famille (Kitahara *et al.*, 2012). Cette espèce d'eau profonde, rencontrée entre 73 et 852 m de profondeur, est fixée à la surface des substrats durs et provient de la zone Indo-Pacifique.

Les Agaricidés sont très communs sur les récifs coralliens des Caraïbes et font partie des premières espèces à coloniser les substrats durs (espèces opportunistes). On peut les observer un peu partout sur les récifs depuis le haut des récifs jusqu'au bas des tombants. Ils dominent les peuplements de Scléractiniaires lorsque la profondeur devient supérieure à 40 m. La morphologie de ces coraux est particulièrement bien adaptée à ce type de biotope. En effet, les colonies constituent de grandes plaques horizontales minces (souvent moins de 5 mm d'épaisseur) qui s'étalent à la surface du substrat ce qui permet aux algues symbiotiques présentes dans l'endoderme de capter le maximum d'énergie lumineuse afin de réaliser la photosynthèse.

Dans les Caraïbes, cette famille est représentée par les genres *Agaricia* – sept espèces –, *Helioseris* – une espèce – et *Leptoseris* – une espèce, *Leptoseris cailleti* (Duchassaing & Michelotti, 1864), non présentée dans ce guide.

GENRE *AGARICIA* LAMARCK, 1801

Colonies encroûtantes, massives, lamellaires ou foliacées ; dans ce cas, les colonies sont formées de plaques horizontales ou dressées. Ces dernières sont généralement contorsionnées et fusionnées. Polypiérites répartis sur l'une (disposition unifaciale) ou les deux faces (disposition bifaciale) des plaques. Colonies formées par bourgeonnement intra-tentaculaire. Agencement des polypiérites généralement de type méandroïde, parfois de type cérioïde. Polypiérites disposés dans des vallées séparées par des collines sensiblement parallèles au contour général de la colonie. Diamètre des calices compris entre 2 et 5 mm. Centres calicinaux profonds. Septes généralement alternants, disposés perpendiculairement par rapport aux collines ou convergeant vers les centres des calices. Columelle styliforme ou papilleuse plus ou moins bien développée selon les espèces. Tentacules généralement épanouis uniquement la nuit.

Les Scléractiniaires du genre *Agaricia* sont présents dans les Caraïbes, ainsi qu'aux Bermudes et le long des côtes tropicales du Brésil. Sept espèces sont observables dans les Caraïbes : *A. agaricites*, *A. fragilis*, *A. grahamae*, *A. humilis*, *A. lamarcki*, *A. tenuifolia* et *A. undata*. Les paléontologues rangent *A. agaricites* et *A. tenuifolia* dans un genre distinct, le genre *Undaria* (Stemann, 1991).

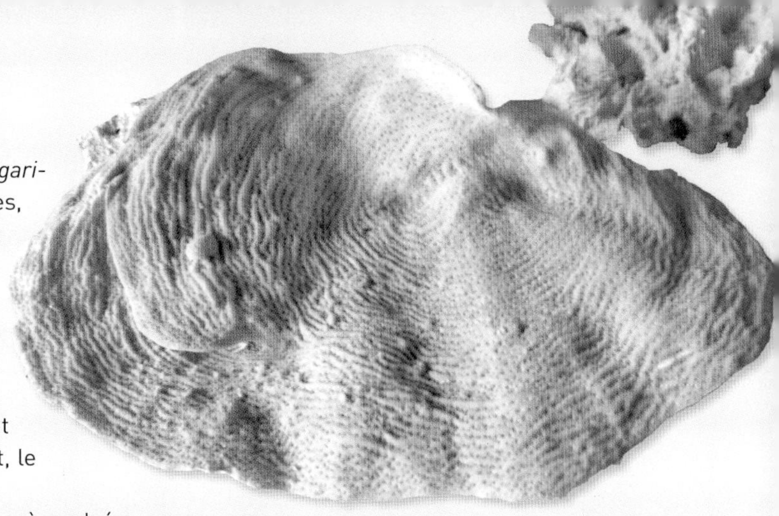

Agaricia fragilis : squelette d'une colonie montrant les vallées étroites, continues et sensiblement parallèles au contour général de la colonie ainsi que les collines basses.

Agaricia lamarcki est classé comme espèce vulnérable selon les critères définis par la liste rouge de l'UICN, car ses populations ont diminué de l'ordre de 38 % au cours des 30 dernières années. Il est classé comme espèce quasi-menacée selon ces mêmes critères, car la diminution de ses populations au cours des 30 dernières années (14 %) se rapproche de la valeur seuil pour les espèces menacées de disparition. Par ailleurs, *A. grahamae*, *A. lamarcki* et *A. undata* font l'objet d'un arrêté en Guadeloupe, en Martinique et à Saint-Martin fixant les modalités de leur protection (voir annexe p. 220).

GENRE *HELIOSERIS* MILNE EDWARDS & HAIME, 1849

Ce genre est représenté dans les Caraïbes par une unique espèce, *H. cucullata*.

GENRE *LEPTOSERIS* MILNE EDWARDS & HAIME, 1849

Colonies encroûtantes, lamellaires ou foliacées, peu calcifiées. Dans le cas des formes foliacées, les polypiérites ne sont présents qu'au niveau de la face supérieure (disposition unifaciale). Bourgeonnement intra-tentaculaire, initialement circum-oral puis marginal. On distingue souvent la présence d'un polypiérite fondateur de la colonie de taille plus grande en position centrale. Polypiérites de forme circulaire à ovoïde agencés selon le type plocoïde et reliés entre eux par un cœnosteum abondant. Polypiérites superficiels à murailles peu développées, inclinés vers le bord de la colonie, irrégulièrement distribués ou groupés en courtes séries parallèles au bord de la colonie. Centres calicinaux connectés par de fins costoseptes ornés de fines dents. Petite columelle papilleuse située en profondeur dans le calice. Tentacules des polypes généralement épanouis uniquement la nuit.

Les Scléractiniaires du genre *Leptoseris* ont une répartition circumtropicale. *Leptoseris cailleti* (Duchassaing & Michelotti, 1864) est une espèce à répartition géographique restreinte. Elle est présente en certains endroits des Grandes et Petites Antilles et des côtes du Venezuela jusqu'à celles de Colombie. Elle est absente en Floride, aux Bahamas et dans le golfe du Mexique ainsi que dans le nord-ouest des Caraïbes. Cette espèce rare, de petite taille et discrète, n'a été observée jusqu'à présent qu'à plus de 30 m de profondeur sur des fonds sédimentaires soumis à un fort courant. Les colonies se présentent sous l'aspect de frondes horizontales torsadées de couleur marron pâle dont la face inférieure, lisse, est dépourvue de polypiérites (disposition unifaciale) et dont les bords très découpés peuvent fusionner. Les polypiérites sont fortement inclinés vers le bord de la colonie et peuvent être alignés en séries transversales au niveau des parties les plus larges des frondes. Les tentacules des polypes sont parfois épanouis de jour. Cette espèce est rarement observée par les plongeurs et a principalement été récoltée par dragage ; de ce fait, sa distribution géographique est mal connue. Par ailleurs, il convient de noter que certains auteurs (MacIntyre *et al.*, 1991) considèrent cette espèce comme étant ahermatypique.

Formes de croissance chez *Agaricia agaricites* : à gauche, *A. agaricites* forme *agaricites* en croûte épaisse (en haut) ou en masse hémisphérique en forme de dôme (en bas) ; à droite, *A. agaricites* forme *danai*.

À droite, Thomas Menut

Agarice-laitue

Agaricia agaricites (Linnæus, 1758)

CR

CARACTÈRES DISTINCTIFS

Espèce très polymorphe, en général de taille modeste (rarement plus de 30 cm de diamètre), présentant différentes formes de croissance. Agencement des polypiérites de type cérioïde à méandroïde avec une seule rangée de centres calicinaux par vallée (disposition unisériée). Collines acérées de hauteur et de longueur variables au sein de la même colonie. Vallées discontinues, généralement courtes, mais pouvant atteindre 50 mm de longueur avec 4 à 5 centres calicinaux par cm. Vallées et collines forment un enchevêtrement réticulé. Columelle peu développée. La **forme *agaricites*** (Linnæus, 1758) constitue des croûtes épaisses ou des masses hémisphériques en dôme. La **forme *danai*** (Milne Edwards, 1860), présente de grands lobes épais et irréguliers dressés verticalement (10 à 15 cm de hauteur) portant des polypiérites sur les deux faces (disposition bifaciale) et imbriqués les uns dans les autres. La **forme *carinata*** Wells, 1973 constitue une base encroûtante à partir de laquelle se dressent des expansions verticales en forme de frondes épaisses irrégulières et peu élevées portant des polypiérites sur les deux faces (disposition bifaciale). Enfin, la **forme *purpurea*** Wells, 1973 se caractérise par de grandes plaques horizontales épaisses pouvant atteindre jusqu'à 1 m de diamètre, et dont la face inférieure lisse est dépourvue de polypiérites (disposition unifaciale).

Agaricia agaricites forme *carinata* se présente sous l'aspect de frondes bifaciales épaisses et irrégulières se dressant à partir d'une base encroûtante.

Denis Ader

Agaricia agaricites forme *purpurea* : à gauche, cette forme se caractérise par de grandes plaques horizontales épaisses unifaciales ; à droite, détail de la surface de la colonie montrant les collines acérées de hauteur et de longueur variables au sein de la même colonie.

COULEUR

Variable, brun jaunâtre ou grisâtre avec des reflets bleuâtres ou violacés.

HABITAT

Espèce rencontrée depuis la surface jusqu'à 75 m de profondeur (*A. agaricites* forme *purpurea*) mais plus commune dans les 20 premiers mètres. Espèce présente dans tous les types d'habitats récifaux, depuis les mangroves et les zones d'arrière-récif jusqu'aux tombants profonds. La forme *agaricites* est la plus commune et se rencontre souvent à faible profondeur. La forme *danai* est présente dans les zones soumises à l'action des vagues comme les baies peu profondes non protégées. Les autres formes sont plus fréquentes en profondeur.

DISTRIBUTION

Espèce commune à abondante présente dans toute l'aire de répartition géographique couverte par ce guide, mais également le long des côtes tropicales du Brésil.

CONSIDÉRATIONS TAXONOMIQUES

Ne pas confondre *A. agaricites* forme *danai* avec *A. tenuifolia*, qui se distingue par ses plaques verticales beaucoup plus fines.

Agaricia fragilis : les colonies se présentent sous l'aspect de minces plaques horizontales unifaciales fines et fragiles.

Agarice fragile

***Agaricia fragilis* Dana, 1848**

DD

CARACTÈRES DISTINCTIFS

Colonies de forme lamellaire constituant de minces plaques horizontales ou des structures en forme de soucoupes fines et fragiles (2 à 3 mm d'épaisseur). Colonies mesurant généralement moins de 15 cm de diamètre. Face inférieure des colonies lisse, dépourvue de polypiérites (disposition unifaciale). Agencement des polypiérites de type méandroïde avec une seule rangée de centres calicinaux par vallée (disposition unisériée). Vallées étroites (largeur comprise entre 2 et 4 mm), continues, concentriques et sensiblement parallèles au contour général de la colonie. Collines basses parfois difficilement discernables notamment pour les colonies observées à plus grande profondeur, inclinées vers le bord externe de la colonie à l'exception de celles situées au centre de la colonie. Centres calicinaux rapprochés (5 à 8 centres calicinaux par cm). Columelle peu développée. Selon les conditions du milieu, on distingue deux formes (morphotypes ou écotypes). La **forme *contracta*** Wells, 1973, beaucoup plus rare que la **forme *fragilis*** (Dana, 1846), se distingue par sa surface bosselée de façon irrégulière et ses polypiérites serrés les uns contre les autres.

COULEUR

Variable, gris-brun à verdâtre.

HABITAT

Espèce rencontrée le plus souvent entre la surface et 40 m de profondeur le long des tombants, sous

En haut : *Agaricia fragilis* forme *contracta*, plus rare que la forme *fragilis*, se distingue par sa surface bosselée de façon irrégulière et ses polypiérites resserrés les uns contre les autres. À droite : détail de la surface de la colonie montrant les vallées étroites, continues et sensiblement parallèles au contour général de la colonie ainsi que les collines basses.

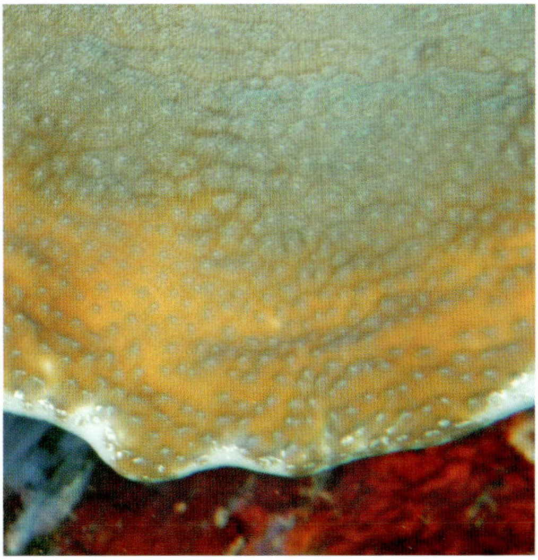

les surplombs, mais aussi parfois à l'arrière des récifs, dans les zones de débris coralliens ou même, plus rarement, fixée aux racines de palétuviers. La profondeur maximale atteinte est de 102 m.

DISTRIBUTION

Espèce occasionnelle à commune présente dans toute l'aire de répartition géographique couverte par ce guide mais également aux Bermudes et le long des côtes tropicales du Brésil.

CONSIDÉRATIONS TAXONOMIQUES

Agaricia fragilis forme *fragilis* ressemble à A. *agaricites* forme *purpurea*, mais s'en distingue par son squelette plus délicat et par ses collines très basses. Certains scientifiques (Ross, 1971) considèrent *A. fragilis* comme une variété d'*A. agaricites* (*A. agaricites* forme *fragilis*).

Autre aspect d'*Agaricia fragilis*.

Agaricia grahamae : la colonie se présente sous la forme d'une plaque mince horizontale unifaciale épousant de façon approximative les contours du substrat et dont le bord externe est blanchâtre.

Agarice de Graham

Agaricia grahamae **Wells, 1973**

LC

CARACTÈRES DISTINCTIFS

Colonies de forme lamellaire constituant de minces plaques horizontales de contour grossièrement arrondi dont le diamètre peut atteindre plus de 1,5 m qui, parfois, s'enroulent en spirales et se recouvrent partiellement et dont les bords externes sont surélevés. Face inférieure des colonies lisse dépourvue de polypiérites (disposition unifaciale). Agencement des polypiérites de type méandroïde avec une seule rangée de centres calicinaux par vallée (disposition unisériée). Vallées étroites et continues en forme de « V », grossièrement concentriques et sensiblement parallèles au contour général de la colonie. Collines relativement étroites. Centres calicinaux espacés (3 à 5 centres calicinaux par cm). Septes épais non alternants dont la plupart atteignent le centre des polypiérites. Squelette fragile qui se brise facilement.

COULEUR

Brune avec parfois des reflets bleuâtres, verdâtres ou grisâtres. Bord externe des plaques de couleur blanchâtre.

HABITAT

Espèce rencontrée à partir de 10 m de profondeur et particulièrement abondante le long des tombants entre 25 et 50 m de fond. Cette espèce a encore été observée en submersible le long d'une falaise sous-

Agaricia grahamae : détail de la surface de la colonie montrant les vallées grossièrement concentriques et parallèles au bord de la colonie ainsi que les centres calicinaux espacés.

marine aux Bahamas à 115 m de profondeur, devenant ainsi l'espèce de Scléractiniaire hermatypique la plus profonde connue à ce jour dans les Caraïbes.

DISTRIBUTION

Espèce occasionnelle présente dans toute l'aire de répartition géographique couverte par ce guide.

Agaricia humilis : les colonies sont de forme encroûtante ou sub-massive.
Denis Ader

Agarice plate

***Agaricia humilis* Verrill, 1902**

DD

CARACTÈRES DISTINCTIFS

Petites colonies de forme submassive plus ou moins circulaire dont la surface est irrégulière et la taille peut atteindre une quinzaine de centimètres de diamètre. Polypiérites agencés généralement selon le type cérioïde, mais parfois de courtes vallées pouvant contenir jusqu'à trois centres calicinaux sont présentes (agencement de type méandroïde). Lorsque l'agencement est de type cérioïde, la taille des polypiérites ne dépasse pas 1,5 mm de diamètre. Lorsque l'agencement est de type méandroïde, les vallées sont séparées par des collines de hauteur irrégulière et disposées sans aucun ordre apparent. Alternance de septes longs et courts. Columelle peu développée.

COULEUR

Jaune brunâtre. Centre des calices parfois orange ou vert. Souvent, à la surface des colonies on observe des zones blanchâtres dépourvues de zooxanthelles.

HABITAT

Espèce rencontrée entre 2 et 70 m de profondeur dans les zones à hydrodynamisme faible (pentes récifales externes, tombants, canyons sous-marins, sous les surplombs), mais plus commune entre 5 et 15 m de fond.

DISTRIBUTION

Espèce occasionnelle présente dans toute l'aire de répartition géographique couverte par ce guide.

Agaricia humilis : en haut, à gauche et à droite, et au milieu, à gauche, différents aspects des colonies. À droite, au milieu et en bas, détail de la surface de la colonie montrant l'agencement des polypiérites de type cérioïde à méandroïde, les vallées étant séparées par des collines de hauteur irrégulière et disposées sans aucun ordre apparent.

À droite, au milieu et en bas, Thomas Menut

CONSIDÉRATIONS TAXONOMIQUES

Pendant de nombreuses années, cette espèce a été considérée comme un écotype (morphotype) d'*Agaricia agaricites* (*A. agaricites* forme *humilis*) avant qu'elle ne soit élevée au rang d'espèce.

Agaricia lamarcki : aspect d'une colonie.

Agarice de Lamarck

Agaricia lamarcki **Milne Edwards & Haime, 1851**

VU

CARACTÈRES DISTINCTIFS

Colonies de forme lamellaire constituant de minces plaques horizontales pouvant atteindre 2 m de diamètre, dont les bords externes sont plus ou moins surélevés et qui, parfois, s'enroulent en spirales et se recouvrent partiellement notamment au niveau des surfaces verticales. Face inférieure des colonies lisse, dépourvue de polypiérites (disposition unifaciale). Agencement des polypiérites de type méandroïde avec une seule rangée de centres calicinaux par vallée (disposition unisériée). Vallées continues à disposition grossièrement concentrique de largeur comprise entre 4 et 6 mm. Collines larges et arrondies. Centres calicinaux espacés (3 à 5 centres calicinaux par cm). Alternance de septes longs et courts. Columelle bien développée. Squelette fragile qui se brise facilement.

COULEUR

Jaune brunâtre à marron doré avec parfois des reflets verdâtres, bleuâtres ou grisâtres. Polypes en forme d'étoiles de couleur blanche caractéristique localisés dans le fond des vallées.

HABITAT

Espèce sciaphile observée le long des tombants, sous les surplombs rocheux, généralement entre 20 et 40 m de fond mais pouvant encore être rencontrée jusqu'à la profondeur maximale de 80 m. C'est

Agaricia lamarcki: en haut et en bas, les colonies se présentent sous l'aspect de minces plaques horizontales unifaciales dont les bords externes sont plus ou moins surélevés et qui parfois s'enroulent en spirales.

En bas, Denis Ader

l'une des espèces les plus abondantes le long des tombants, les colonies peuvent parfois se recouvrir et coloniser des surfaces importantes.

DISTRIBUTION

Espèce commune présente dans toute l'aire de répartition géographique couverte par ce guide.

Agaricia lamarcki: détail de la surface de la colonie montrant les vallées continues à disposition grossièrement concentrique et les collines larges et arrondies. Cette espèce est facilement reconnaissable à ses polypes en étoiles blanches localisées dans le fond des vallées.

Denis Ader

Agaricia tenuifolia : aspect d'une colonie.

Agarice-laitue fine

Agaricia tenuifolia Dana, 1848

NT

CARACTÈRES DISTINCTIFS

Grandes colonies dont la taille peut atteindre plusieurs mètres de diamètre, formant des massifs constitués de petites plaques ou de lames minces dressées verticalement (d'une dizaine de cm de hauteur maximale) avec des polypiérites distribués sur les deux faces (disposition bifaciale). Les plaques peuvent être plates, uniformes et disposées régulièrement mais peuvent aussi prendre un aspect irrégulier en fusionnant et/ou se divisant. Agencement des polypiérites de type méandroïde avec une seule rangée de centres calicinaux par vallée (disposition unisériée). Vallées mesurant moins de 5 cm de longueur, discontinues, irrégulières, grossièrement concentriques et sensiblement parallèles au bord de la colonie. Columelle peu développée. Alternance de septes longs et courts. Squelette fragile, les plaques dressées se brisent facilement.

COULEUR

Variable, du gris au brun avec des reflets jaunâtres, verdâtres ou bleuâtres.

HABITAT

Espèce rencontrée entre 2 et 70 m de profondeur, mais plus commune entre 5 et 10 m de fond où on peut l'observer sur le haut des récifs, notamment dans les zones agitées par la houle. Dans ces conditions favorables, les colonies peuvent couvrir une surface importante. Dans les zones exposées

Agaricia tenuifolia : à gauche et ci-dessus, colonies de forme lamellaire avec des expansions verticales en forme de fines frondes bifaciales plus ou moins contournées. Les vallées de forme irrégulière sont généralement concentriques.

aux vagues, les colonies sont de taille réduite et les lames plus petites et plus épaisses. Espèce pionnière qui colonise les débris coralliens après le passage des ouragans. L'espace disponible entre les plaques verticales procure un abri pour de nombreux organismes (ophiures, oursins, petites anguilles) et des algues vertes, comme *Halimeda opuntia*, croissent régulièrement entre les lames.

DISTRIBUTION

Espèce abondante dans le nord-ouest de la mer des Caraïbes, plus spécialement le long des côtes d'Amérique centrale, occasionnelle à absente ailleurs dans la mer des Caraïbes, aux Bahamas et dans la partie méridionale du golfe du Mexique. Espèce dont la présence n'a pas été observée en Floride.

CONSIDÉRATIONS TAXONOMIQUES

Attention à ne pas confondre *A. tenuifolia* avec *A. agaricites* forme *danai* qui est plus massive.

Agaricia undata : aspect d'une colonie.

Agarice à spires

Agaricia undata (Ellis & Solander, 1786)

DD

CARACTÈRES DISTINCTIFS

Colonies de forme lamellaire formant de minces plaques horizontales de contour grossièrement arrondi, aux bords externes surélevés, dont le diamètre peut dépasser 1,5 m et qui s'enroulent souvent en forme de spirales. Face inférieure des colonies lisse, dépourvue de polypiérites (disposition unifaciale). Sur les surfaces verticales, les plaques spiralées peuvent se recouvrir partiellement. Agencement des polypiérites de type méandroïde, avec une seule rangée de centres calicinaux par vallée (disposition unisériée). Vallées irrégulières grossièrement concentriques, continues, dont le bord externe est plus abrupt que le bord interne et sensiblement parallèles au contour général de la colonie. Vallées généralement larges (6-7 mm de largeur) à fond plat. Collines basses et de forme arrondie. Centres calicinaux rapprochés (5 à 8 centres calicinaux par cm), non centrés dans les vallées, mais adossés contre le bord externe abrupt des collines. Columelle bien développée. Squelette fragile se brisant facilement.

COULEUR

Variable, du gris au brun avec des reflets jaunâtres, verdâtres ou bleuâtres. Bord externe des colonies de couleur blanchâtre.

HABITAT

Espèce rencontrée entre 15 et 90 m de profondeur maximale, mais plus commune sur les récifs entre

Agaricia undata : les colonies se présentent sous la forme de minces plaques horizontales aux bords externes surélevés et blanchâtres. En bas, vue de détail de la surface de la colonie montrant les centres calicinaux non centrés dans les vallées mais adossés contre le bord externe abrupt des collines.

30 et 50 m de fond où on peut l'observer sur les corniches ou à la base des tombants. Colonies pouvant parfois se recouvrir et coloniser des surfaces importantes.

DISTRIBUTION

Espèce occasionnelle à peu commune présente dans la mer des Caraïbes et dans le golfe du Mexique et qui semble absente en Floride et aux Bahamas.

Helioseris cucullata : aspect d'une colonie.

Corail-laitue rayon de soleil

Helioseris cucullata (Ellis & Solander, 1786)

LC

CARACTÈRES DISTINCTIFS

Colonies lamellaires formant des plaques ou des structures en forme de soucoupes fines et irrégulières, dont la taille est généralement comprise entre 10 et 25 cm de diamètre, mais pouvant atteindre jusqu'à 40 cm. Face inférieure des colonies striée, dépourvue de polypiérites (disposition unifaciale). Parfois les colonies sont disposées en étages et se recouvrent partiellement. Polypiérites de taille importante (diamètre compris entre 3,5 et 5 mm), agencés selon le type plocoïde et reliés entre eux par un cœnosteum abondant. Polypiérites fortement inclinés vers le bord de la colonie prenant un aspect typique en « nid d'hirondelle », irrégulièrement distribués ou s'associant par groupe de 3 à 6 pour former de courtes séries disposées en rangées plus ou moins concentriques, parallèles au bord de la colonie. Les collines et les vallées ainsi formées sont courtes, discontinues et peu régulières. Centres calicinaux adossés contre le bord externe abrupt des collines, réunis par des costoseptes ornés de fines dents. Alternance de costoseptes fins et épais. Squelette fragile se brisant facilement. Tentacules des polypes généralement épanouis uniquement la nuit.

COULEUR

Jaune brunâtre à gris, parfois avec des teintes fluorescentes vertes ou bleues. Parfois, le bord externe des colonies et/ou les centres des polypiérites sont plus pâles que le reste de la colonie.

Helioseris cucullata : les colonies se présentent sous la forme de fines plaques irrégulières dont le bord externe et/ou le centre des polypiérites sont plus pâles que le reste de la colonie.

HABITAT

Espèce présente le long des tombants et des pentes externes, qui a été observée en submersible, le long d'une falaise sous-marine aux Bahamas, jusqu'à la profondeur maximale de 108 m, mais qui est plus commune entre 8 et 30 m de fond. Espèce préférant les endroits sombres des récifs (cavités, surplombs).

DISTRIBUTION

Espèce occasionnelle à commune présente dans toute l'aire de répartition géographique couverte par ce guide.

CONSIDÉRATIONS TAXONOMIQUES

Certains auteurs ont classé cette espèce dans le genre *Leptoseris* (Dinesen, 1980 ; Veron, 2000).

Helioseris cucullata : aspect typique d'une colonie.
Thomas Menut

Helioseris cucullata : vue rapprochée montrant les polypiérites fortement inclinés vers le bord de la colonie prenant un aspect typique en « nid d'hirondelle », irrégulièrement distribués ou s'associant par groupe de 3 à 6 pour former de courtes séries disposées en rangées plus ou moins concentriques parallèles au bord de la colonie.
Thomas Menut

Sous-ordre *Refertina* Okubo, 2016
Famille des *Astrocoeniidae* Koby, 1890

Coraux coloniaux fixés avec ou sans zooxanthelles.
Bourgeonnement extra-tentaculaire.
Colonies encroûtantes ou massives de petite taille.
Polypiérites de petite taille (diamètre < 3 mm) agencés selon le type plocoïde ou cérioïde.
Columelle styliforme (en forme de baguette).
Septes solides.
Tentacules des polypes épanouis uniquement la nuit ou le jour et la nuit selon les espèces.

Cette famille est représentée uniquement par le genre *Stephanocoenia* (une espèce) dans les Caraïbes : *Stephanocoenia intersepta* se rencontre dans les Caraïbes, mais également aux Bermudes et le long des côtes tropicales du Brésil.

Stephanocoenia intersepta : aspect typique d'une colonie en dôme aplati.

Corail étoilé rougissant

Stephanocoenia intersepta (Esper, 1795)

LC

CARACTÈRES DISTINCTIFS

Colonies généralement massives, en forme de dôme aplati, parfois encroûtantes. Taille de la colonie dépassant rarement 30 cm de diamètre, mais pouvant atteindre jusqu'à 1 m de diamètre. Polypiérites peu saillants, de petite taille (diamètre généralement compris entre 2 et 3 mm), de forme circulaire à polygonale, dont l'agencement varie du type plocoïde au type cérioïde. Polypiérites souvent fortement espacés vers les bords de la colonie alors qu'ils sont resserrés vers le centre. Généralement, 24 septes sont disposés en trois cycles et ne fusionnent pas avec la columelle styliforme. Les deux premiers cycles de septes présentent des *pali* bien développés. Tentacules des polypes épanouis de jour et de nuit.

COULEUR

Variable, gris crème à brun. Tentacules des polypes épanouis de jour et plus sombres que le cœnosteum. Lorsque l'on touche la colonie les tentacules des polypes se rétractent rapidement, ce qui donne l'impression que la colonie pâlit.

HABITAT

Espèce rencontrée sur les récifs, depuis la surface jusqu'à 95 m de profondeur, mais plus commune entre 5 et 45 m. La forme encroûtante est la forme la plus abondante en milieu peu profond (5-15 m) et dans les milieux turbides, alors que la forme en dôme est plus abondante dans les habitats d'avant récif, entre 10 et 20 m de profondeur. Espèce parfois

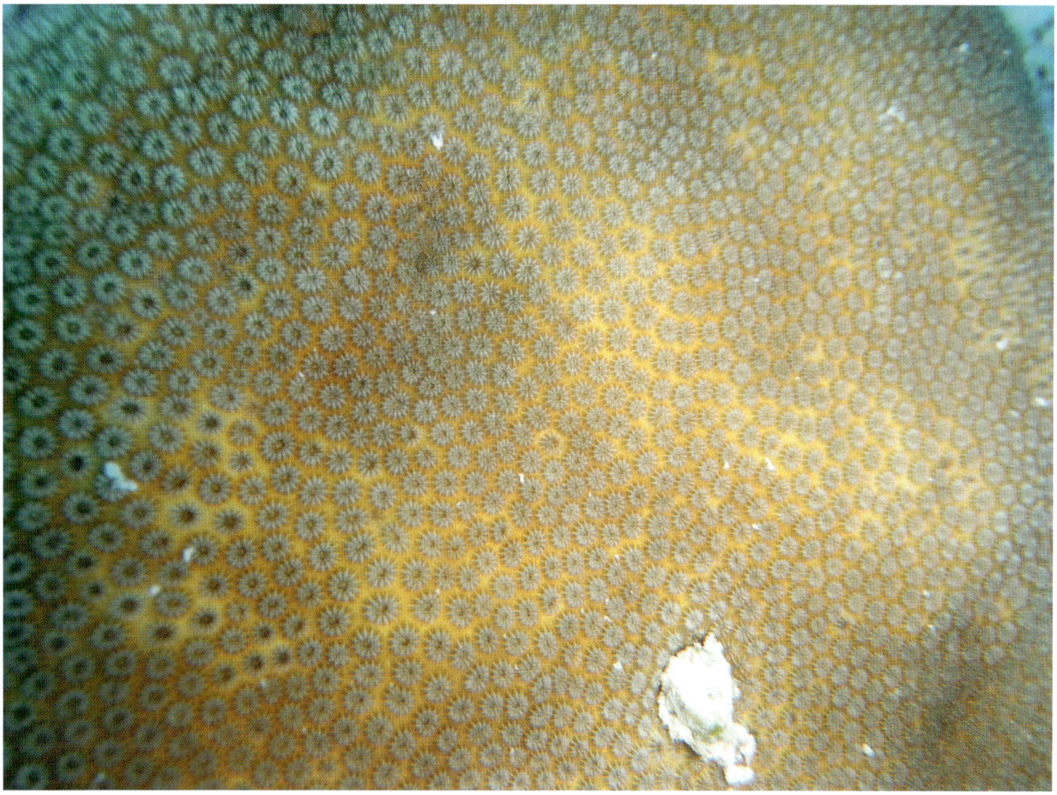

Stephanocoenia intersepta : détail de la surface de la colonie dont les polypes sont épanouis.

observée dans les herbiers de phanérogames marines à *Thalassia testudinum* (herbe à tortue) ou fixée sur les racines de palétuviers en bordure de mangrove. De nombreux vers marins (annélides polychètes tubicoles de la famille des Serpulidés) du genre *Vermiliopsis* élisent domicile dans le squelette de la forme en dôme de cette espèce et se rétractent dès qu'on les approche, ce qui renforce l'impression que la colonie pâlit lorsqu'on la touche.

DISTRIBUTION

Espèce occasionnelle à commune, présente dans toute l'aire de répartition géographique couverte par ce guide, mais également aux Bermudes et le long des côtes tropicales du Brésil.

Sous-ordre *Refertina* Okubo, 2016
Famille des *Dendrophylliidae* Gray, 1847

Coraux coloniaux ou solitaires généralement dépourvus de zooxanthelles.
La plupart des espèces sont fixées au substrat, mais quelques-unes vivent librement à la surface des sédiments.
Coraux rencontrés dans toutes les mers du monde à l'exception de l'Antarctique, depuis la surface jusqu'à 2165 m de profondeur.
Bourgeonnement extra ou intra-tentaculaire pour les formes coloniales.
Muraille poreuse, columelle bien développée spongieuse ou papilleuse.
Polypes épanouis de jour ou de nuit selon les espèces.
Les genres dépourvus de zooxanthelles se caractérisent par une disposition typique des septes, au moins chez les stades juvéniles.
Septes disposés selon le plan de Pourtalès[a], c'est-à-dire que les septes des premiers cycles, plus longs que ceux des autres cycles, fusionnent en avant des septes des cycles suivants.

Étant majoritairement dépourvus de zooxanthelles, on rencontre les Scléractiniaires de la famille des Dendrophylliidés dans toutes les mers du monde, y compris en habitat profond. Cette famille regroupe différents genres de Scléractiniaires ahermatypiques (*Dendrophyllia*, *Rhizopsammia*, *Tubastraea*) dans les Caraïbes. Deux espèces de Dendrophylliidés du genre *Tubastraea* seront présentées dans ce guide, *T. coccinea* et *T. micranthus* étant donné leur biologie bien particulière et leur caractère invasif.

GENRE *TUBASTRAEA* LESSON, 1829

Petites colonies formées par bourgeonnement extra-tentaculaire, dont les polypiérites saillants, de forme plus ou moins circulaire, sont agencés selon le type plocoïde ou phacéloïde. Columelle bien développée et spongieuse. La distribution des septes caractéristique de la famille des Dendrophylliidés ne s'observe généralement pas au niveau des polypiérites des colonies adultes (pas de disposition selon le plan de Pourtalès).

[a] Louis François de Pourtalès (1823-1880) est un naturaliste américain, d'origine suisse, qui a beaucoup étudié les récifs de Floride et leurs coraux.

Tubastraea coccinea : aspect d'une colonie dont les polypes sont épanouis de nuit.
Denis Ader

Tubastrée orange

Tubastraea coccinea Lesson, 1829

Introduit

CARACTÈRES DISTINCTIFS

Colonies de forme sphérique, pouvant atteindre une trentaine de cm de diamètre. Agencement des polypiérites de type cérioïde, plocoïde ou phacéloïde selon les conditions du milieu. Dans le dernier cas, les colonies se présentent sous l'aspect d'un bouquet de tubes dont chacun se termine par un polypiérite de forme circulaire à ovale de grande taille pouvant dépasser 10 mm de diamètre. En milieu peu profond et battu, les polypiérites tendent à être agencés selon le type plocoïde ou cérioïde, tandis qu'en milieu plus profond ils tendent à s'agencer selon le type phacéloïde. Polypiérites de forme circulaire à elliptique, de diamètre compris entre 7,2 et 15 mm, saillants, se projetant de 2 à 13 mm au-dessus du cœnosteum poreux. Septes disposés en 4 cycles. Septes des deux premiers cycles fusionnant avec la columelle bien développée et spongieuse de contour circulaire à elliptique. Colonies parfois réduites à quelques polypes ou alors constituées de plusieurs centaines de polypes. Espèce dépourvue de zooxanthelles. Quelques polypes peuvent être épanouis de jour mais la totalité des polypes de la colonie sont épanouis la nuit.

COULEUR

Tissu recouvrant le squelette (cœnosarque) généralement d'un rouge orangé plus prononcé que les tentacules qui sont jaunes à orange brillant.

Tubastraea coccinea: aspect typique d'une colonie en milieu peu profond (surplomb à 1-2 m de profondeur) dont les polypes sont partiellement épanouis le jour.
Denis Ader

HABITAT

Espèce sciaphile, donc préférant les endroits sombres des récifs, rencontrée jusqu'à une trentaine de mètres de profondeur. Espèce observée fréquemment sous les surplombs et à l'entrée des grottes, mais pouvant parfois encroûter des pans de tombants. Espèce d'eau claire, préférant les eaux peu agitées et colonisant fréquemment les substrats artificiels (plateformes pétrolières, piliers de pontons, épaves de bateaux ou d'avions, etc.).

DISTRIBUTION

Espèce normalement présente dans l'Indo-Pacifique, vraisemblablement introduite dans la mer des Caraïbes fixée sur la coque de bateaux provenant du Pacifique oriental ou de l'Indo-Pacifique tropical. Elle a été signalée pour la première fois en 1943 à Porto Rico et à Curaçao (Antilles néerlandaises), puis s'est ensuite étendue au reste des Caraïbes, cette extension coïncidant avec la direction des courants dominants. Elle a ainsi progressivement colonisé les côtes du Venezuela, de la Colombie, du Belize, du Mexique ainsi que les Bahamas et la chaîne des Petites et des Grandes Antilles. Au début des années 2000, elle a été signalée en Floride ainsi que sur les côtes du Brésil. Elle a probablement également envahi les côtes tropicales d'Afrique occidentale. Elle a colonisé de façon très importante les nombreuses plateformes pétrolières localisées dans le nord du golfe du Mexique (densité pouvant atteindre 36 colonies/m^2). Il convient cependant de noter qu'au niveau du golfe de Mexique, bien que très abondante au niveau des substrats artificiels, elle demeure rare en milieu naturel (Flower Garden Banks, bancs profonds) où elle est présente en faible densité et où elle occupe des habitats cryptiques. Il semble donc que cette espèce soit une moins bonne compétitrice spatiale au niveau des récifs naturels qu'au niveau des substrats artificiels.

Le fort pouvoir colonisateur de cette espèce peut s'expliquer par ses traits d'histoire de vie particulièrement favorables à l'expansion de ses populations. En effet, *T. coccinea* peut se propager de manière sexuée ou asexuée et peut engendrer des larves de façon asexuée. Elle présente un taux de croissance particulièrement important (3,02 cm^2/an) et se reproduit de façon précoce (un an et demi). La dispersion des larves par les courants marins est favorisée, car elles ont une durée de vie planctonique importante (jusqu'à 100 jours). En outre, lorsque cette espèce occupe des habitats cryptiques, elle a développé une nouvelle stratégie de croissance afin d'éviter la compétition pour l'espace avec les autres espèces d'invertébrés benthiques (principalement les éponges). Dans ces conditions, elle forme une fine excroissance tissulaire dépourvue de polype qui s'étend à la surface du substrat jusqu'à ce qu'elle rencontre une partie du substrat non occupé (taux de croissance maximal 10,4 cm/an). Puis, généralement, un nouveau polype se met en place à l'extrémité de l'excroissance qui demeure connectée à la colonie adulte. L'excroissance la plus longue observée mesurait 12,6 cm. Parfois, ce phénomène se répète et engendre un réseau intimement intriqué de polypes connectés par des excroissances. Par ailleurs, c'est une espèce très résistante qui tolère les fortes variations de température et de profondeur, ainsi que la dessiccation, et dont le seul prédateur connu est l'annélide polychète *Hermodice carunculata*.

Tubastraea micranthus : colonie dont les polypes sont épanouis de nuit.

Tubastrée verte

***Tubastraea micranthus* (Ehrenberg, 1834)**

Introduit

CARACTÈRES DISTINCTIFS

Colonies pouvant atteindre 50 cm de hauteur, formées d'un bouquet de tubes relativement longs dont chacun se termine par un polypiérite mesurant 6 à 8 mm de diamètre (agencement des polypiérites de type phacéloïde). Septes disposés en 4 cycles. Septes des deux premiers cycles fusionnant avec la columelle bien développée et spongieuse de contour circulaire à elliptique. Septes du 3e cycle parfois bien développés. On observe parfois au niveau de certains polypiérites une distribution des septes selon le plan de Pourtalès. Cœnosteum poreux. Espèce dépourvue de zooxanthelles. Quelques polypes peuvent être épanouis de jour mais l'ensemble des polypes de la colonie est épanoui la nuit.

COULEUR

Tissu recouvrant le squelette (cœnosarque) généralement vert sombre, tentacules parfois grises.

HABITAT

Pour l'instant, cette espèce n'a pas été observée en milieu naturel dans la mer des Caraïbes, mais uniquement sur un support artificiel.

DISTRIBUTION

Espèce présente dans l'Indo-Pacifique. On pense qu'elle aurait été introduite à l'état larvaire par l'intermédiaire des eaux de ballast de navires ou, à l'état adulte, fixée aux coques de bateaux provenant de l'Indo-Pacifique tropical. Elle a été observée pour la première fois en 2006 sur une plateforme pétrolière du nord du golfe du Mexique, à une vingtaine de mètres de profondeur, près de l'embouchure du Mississippi. Il s'agit donc d'une espèce introduite récemment et dont il faut suivre de façon attentionnée la dynamique des populations afin de déterminer si elle étend ses populations à l'instar de *T. coccinea*. À cet effet, le concours des plongeurs amateurs est vivement recommandé.

REMARQUES

Afin d'être le plus complet possible, il convient d'indiquer, qu'en plus de *T. coccinea*, une deuxième espèce de Scléractiniaire ahermatypique du genre *Tubastraea*, *T. tagusensis* Wells, 1982 a envahi les côtes du Brésil. Ces deux espèces ont été signalées sur les côtes du Brésil au début des années 2000, mais on suppose qu'elles les auraient atteintes à la fin des années 1980, très vraisemblablement fixées sur des plateformes pétrolières et/ou sur des coques de gros navires.

Par ailleurs, en plus des deux espèces de Scléractiniaires ahermatypiques (*T. coccinea* et *T. micrantha*) provenant de l'Indo-Pacifique et introduites dans la mer des Caraïbes, il faut noter la présence limitée à la baie de la Découverte (Discovery Bay) en Jamaïque d'une espèce de Scléractiniaire hermatypique provenant également de l'Indo-Pacifique, le corail-champignon *Lobactis scutaria* (Lamarck, 1801), anciennement *Fungia scutaria* (voir photo p. 91). Cette espèce libre, qui occupe les fonds meubles sableux, est constituée d'un unique polype de grande taille. Elle a été introduite en Jamaïque en 1966 par Thomas F. Goreau, fondateur du laboratoire marin de la baie de la Découverte (Discovery Bay Marine Laboratory), et provient du récif d'Eilat, localisé le long de la côte israélienne de la mer Rouge. Thomas F. Goreau utilisait le récif situé en face du laboratoire afin de maintenir des spécimens vivants utilisés ultérieurement pour ses expérimentations. Lors de son décès prématuré en 1970, quelques individus se sont maintenus sur le récif. Plusieurs tentatives ont été effectuées afin d'éradiquer cette espèce non indigène dans les années 1970 et 1980. Ainsi, durant cette période, plus de 25 individus adultes ont été retirés du récif. Cependant, deux individus ont été observés en mars 2003, preuve de l'existence d'une population relictuelle. Cette espèce exotique particulièrement résiliente a survécu à deux ouragans très dévastateurs, à la dégradation générale de la qualité de l'environnement se traduisant notamment par le collapsus des populations natives de coraux ainsi qu'à plusieurs épisodes de blanchissement liés au stress thermique. Cette espèce non invasive, dont la distribution spatiale demeure jusqu'à présent limitée à la seule baie de la Découverte en Jamaïque, a colonisé une niche écologique demeurée libre, celle des sédiments meubles, qu'aucune autre espèce de Scléractiniaire autochtone n'occupait. L'incidence écologique exercée par cette espèce demeure négligeable.

Lobactis scutaria, espèce introduite involontairement dans la mer des Caraïbes.

Sous-ordre *Refertina* Okubo, 2016
Famille des *Poritidae* Gray, 1842

Coraux coloniaux généralement fixés, avec zooxanthelles.
Bourgeonnement extra-tentaculaire, plus rarement intra-tentaculaire.
Colonies de forme encroûtante, lamellaire, foliacée, massive ou branchue.
Colonies parfois libres, ressemblant à des nodules.
Diamètre des polypiérites variable, mais généralement de petite taille.
Polypiérites agencés majoritairement selon le type cérioïde ou plocoïde ; dans ce dernier cas, le cœnosteum est peu développé.
Éléments squelettiques poreux. 12 à 24 septes selon les genres.
Généralement présence de *pali* plus ou moins nombreux entourant la columelle styliforme (en forme de baguette) qui peut parfois être absente.
Polypes épanouis de jour ou de nuit selon les espèces.

Cette famille est représentée uniquement par le genre *Porites* (six espèces) dans les Caraïbes.

GENRE *PORITES* LINK, 1807

Colonies de forme encroûtante, lamellaire, foliacée, massive ou branchue. Polypiérites de très petite à petite taille (diamètre généralement inférieur à 3 mm) et difficiles à observer sous l'eau. Polypiérites ronds ou polygonaux agencés selon le type cérioïde ou plocoïde ; dans ce cas, le cœnosteum est peu développé. Éléments squelettiques poreux. Chez les espèces du genre *Porites*, les septes présentent généralement une disposition particulière. En règle générale, il existe deux cycles de septes. Les 12 septes sont disposés suivant une symétrie bilatérale. Le plus souvent ils sont anastomosés par deux ou trois (voir illustration p. 93). Les septes sont nommés par convention et leur développement est variable selon les espèces. Un septe isolé, le « directeur dorsal », est diamétralement opposé à un autre septe, le « directeur ventral », lequel est flanqué de deux septes, un de chaque côté formant un triplet ventral. Les deux septes latéraux peuvent fusionner avec le directeur ventral par leurs extrémités internes ou sous forme de trident par une barre transversale. Enfin, entre le directeur dorsal et le triplet ventral, les quatre septes latéraux peuvent fusionner par la pointe pour former deux paires latérales.

Des piliers verticaux de développement variable selon les espèces, appelés *pali*, peuvent être présents. Généralement, ceux associés avec les paires latérales de septes sont les mieux développés. Un cinquième *palus* est souvent associé au septe directeur dorsal. Un, deux ou trois *pali* peuvent être associés avec le triplet ventral : un seul si le triplet ventral est fusionné, deux si le triplet ventral est fusionné par une barre transversale et trois si les septes ventraux ne sont pas fusionnés. D'autres piliers verticaux ressemblant aux *pali* peuvent être disposés à intervalles réguliers au bord supérieur des septes, ce sont les denticules. Denticules et *pali* peuvent former des cercles concentriques. La columelle peut être présente ou faire défaut.

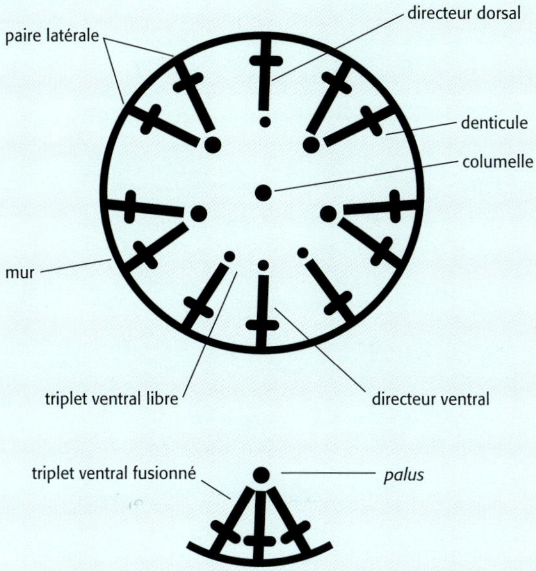

Arrangement des septes chez les coraux du genre *Porites* (d'après Veron, 2000).

Les polypes sont épanouis de jour ou de nuit selon les espèces. La faible taille des polypiérites combinée avec une forte plasticité phénotypique explique la difficulté à identifier les espèces du genre *Porites*.

Les Scléractiniaires du genre *Porites* ont une répartition circumtropicale. Six espèces sont présentes dans la mer des Caraïbes : *P. astreoides*, *P. branneri*, *P. colonensis*, *P. divaricata*, *P. furcata* et *P. porites*. Une étude portant à la fois sur des critères morphologiques et moléculaires confirme la présence de ces six espèces dans les Caraïbes (Weil, 1992).

Les espèces du genre *Porites* constituent parfois de grandes agrégations dans les eaux côtières turbides. *Porites branneri* est classé comme espèce quasi-menacée selon les critères définis par la liste rouge de l'UICN car la diminution de ses populations (15 %) au cours des 30 dernières années se rapproche de la valeur seuil pour les espèces menacées de disparition.

Porites astreoides : aspect d'une colonie.

Porite étoilée

Porites astreoides Lamarck, 1816

LC

CARACTÈRES DISTINCTIFS

Colonies encroûtantes ou massives en forme de dôme, excédant rarement plus de 60 cm de diamètre. Les colonies observées en milieu peu profond sont généralement massives, tandis que celles rencontrées plus profondément sont encroûtantes. Surface des colonies généralement bosselée, plus rarement lisse. Polypiérites petits (< 2 mm de diamètre). Septes ventraux non fusionnés. Septes latéraux fins non fusionnés. *Pali* généralement absents ou alors peu nombreux et peu développés. Columelle styliforme généralement petite, peu développée. Tentacules des polypes épanouis de jour donnant un aspect duveteux à la colonie.

COULEUR

Porites astreoides se présente sous deux formes. Une forme de couleur variant du vert jaunâtre au vert sombre, plus abondante dans les habitats peu profonds, et une forme de couleur variant du gris au marron foncé, plus abondante à profondeur intermédiaire ou grande.

HABITAT

Espèce rencontrée depuis la surface jusqu'à 70 m de profondeur, mais plus commune entre 5 et 20 m. Espèce sans préférence écologique nette, observable dans tous les types d'environnements récifaux depuis le bas des tombants jusque dans les zones sableuses, les fonds de débris coralliens, les man-

Porites astreoides : cette espèce se présente sous deux formes de coloration différente, l'une vert jaunâtre (à gauche), rencontrée généralement en milieu peu profond, l'autre grisâtre à marron foncé (à droite), localisée le plus souvent en milieu profond.

À gauche et à droite, Denis Ader

groves et les herbiers de phanérogames marines à *Thalassia testudinum* (herbe à tortue). Cette espèce se fixe parfois sur les parties mortes de colonies de gorgones puis, lorsque le support sur lequel elle était fixée se rompt, elle mène alors une vie libre à la surface des sédiments. Les colonies de coloration verdâtre sont généralement rencontrées à profondeur moins importante que celles de coloration brunâtre.

DISTRIBUTION

Espèce commune à abondante présente dans toute l'aire de répartition géographique couverte par ce guide ainsi qu'aux Bermudes et le long des côtes tropicales du Brésil, d'Afrique occidentale et des îles du Cap-Vert.

CONSIDÉRATIONS TAXONOMIQUES

Certains scientifiques ont émis l'hypothèse que les deux formes de couleur de *P. astreoides* pourraient correspondre à deux espèces distinctes ; cependant, il a été démontré qu'il n'existe pas de différence génétique entre les formes verte et marron de *P. astreoides* (Weil, 1992).

Porites branneri : les colonies de petite taille forment à la surface des substrats durs des plaques encroûtantes.
Barb Crites

Porite mauve

***Porites branneri* Rathbun, 1888**

NT

CARACTÈRES DISTINCTIFS

Colonies de petite taille, mesurant généralement moins de 15 cm de diamètre et formant à la surface des coraux morts ou des substrats durs des plaques encroûtantes avec parfois des digitations épaisses. Polypiérites profonds petits (< 2 mm de diamètre). Septes de taille identique, espacés de façon uniforme. Septes ventraux non fusionnés. Septes latéraux courts non fusionnés. Bord supérieur des septes orné d'un denticule. Présence de cinq à six *pali*. Columelle styliforme peu développée ou absente. Tentacules des polypes épanouis de jour donnant un aspect duveteux à la colonie. Lorsque les tentacules sont rétractés, les petits polypiérites polygonaux apparaissent ce qui confère à la colonie un aspect poreux.

COULEUR

Bleu violacé, vert ou blanc.

HABITAT

Espèce rencontrée en milieu peu profond (0 à 12 m) en mode abrité, de préférence dans les parties mortes des récifs ainsi que sur les débris coralliens et le sable que l'on trouve à l'arrière des récifs.

DISTRIBUTION

Espèce peu commune, occasionnelle à rare dans les Caraïbes et le long des côtes tropicales du Brésil.

Porites branneri : la couleur de la colonie est généralement bleu violacé (voir la photo p. 96), mais parfois elle peut également être verdâtre ou blanchâtre comme ici.

Romain Ferry

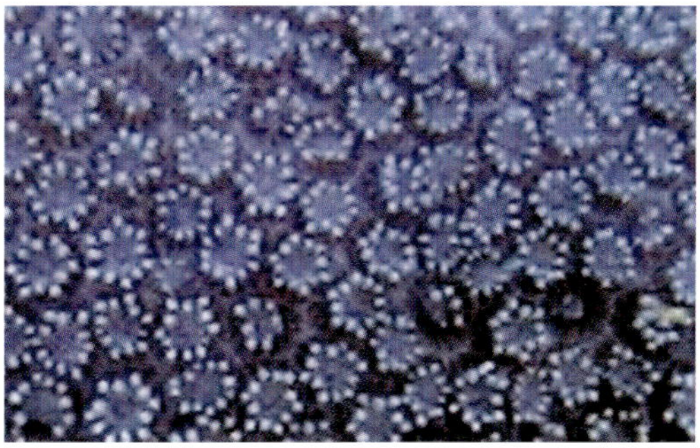

Porites branneri : détail de la colonie montrant les polypes épanouis de jour.

Barb Crites

Porites colonensis : les colonies, dont la surface est lisse ou bosselée, forment de fines plaques encroûtantes dont le bord de contour circulaire et ondulant dépasse du substrat.

Porite nid d'abeille

Porites colonensis Zlatarski, 1990

DD

CARACTÈRES DISTINCTIFS

Colonies formant de fines plaques encroûtantes s'enroulant parfois en spirales, généralement à la surface des coraux morts. Surface de la colonie généralement lisse, parfois bosselée. Bord de la colonie dépassant du substrat, de contour circulaire et ondulant. Polypiérites petits (< 1,5 mm de diamètre) de forme caractéristique en « nid d'abeilles ». Trois septes ventraux fusionnés (septe ventral directeur fusionné avec deux autres septes pour former un triplet), septe dorsal solitaire et deux paires de septes latéraux fusionnés de chaque côté de l'axe dorso-ventral. Denticules septaux plus ou moins bien développés. Présence généralement de cinq *pali*, un devant le triplet ventral et un devant chaque paire latérale, plus rarement six *pali*. Columelle plus ou moins bien développée. Les éléments squelettiques (diamètre des polypiérites, épaisseur des septes et de la muraille, développement de la columelle depuis une absence complète jusqu'à une forme massive, elle peut être présente ou absente dans des polypiérites voisins) varient fortement d'une partie à l'autre de la même colonie.

COULEUR

Polypes de coloration marron foncé ou rougeâtre avec des disques oraux de couleur blanc ou vert pâle.

Porites colonensis : les polypiérites de forme caractéristique ressemblent à des « nids d'abeilles ».

HABITAT

Espèce localisée au niveau des pentes récifales, encroûtant les substrats durs à profondeur généralement inférieure à 30 m. Espèce souvent rencontrée dans les petites cavités.

DISTRIBUTION

Espèce occasionnelle à peu commune, et dont l'aire de distribution géographique n'est pas connue avec précision. Elle serait présente le long des côtes d'Amérique centrale (Nicaragua, Costa-Rica, Panama) et de certaines îles Sous-le-Vent (Porto Rico, île de la Dominique) ainsi qu'aux Bahamas, mais sa distribution géographique est probablement plus importante et pourrait s'étendre à l'ensemble de la zone géographique couverte par ce guide.

CONSIDÉRATIONS TAXONOMIQUES

Certains scientifiques considèrent cette espèce comme une forme lisse de *Porites astreoides*.

Porites divaricata : les colonies se présentent sous la forme de branches fines fortement espacées aux extrémités bifurquées. On rencontre cette espèce fréquemment à faible profondeur, parmi les algues.

Porite digitée fine

Porites divaricata Le Sueur, 1820

LC

CARACTÈRES DISTINCTIFS

Colonies branchues se présentant sous la forme de petits buissons arrondis dépassant rarement plus de 15 cm de diamètre. Branches fines, dont le diamètre est généralement inférieur à 10 mm. Branches fusionnées, fortement espacées et dont les extrémités sont généralement bifurquées et arrondies. Polypiérites profonds petits (< 1,5 mm de diamètre). Cœnosteum grossier formant une surface rugueuse. Trois septes ventraux fusionnés (septe ventral directeur fusionné avec deux autres septes pour former un triplet), septe dorsal solitaire et deux paires de septes latéraux fusionnés de chaque côté de l'axe dorso-ventral. Septes irréguliers. Présence de quatre à sept *pali* irréguliers. Columelle styliforme peu développée ou absente. Tentacules des polypes généralement épanouis de jour, donnant un aspect duveteux à la colonie. Squelette fragile, les branches se brisent facilement.

COULEUR

Marron, gris brunâtre ou jaune verdâtre, parfois bleu violacé.

HABITAT

Espèce rencontrée principalement à faible profondeur dans les environnements peu exposés aux vagues, notamment dans les herbiers à *Thalassia testudinum* (herbe à tortue), mais observable jusqu'à la profondeur maximale de 75 m.

Porites divaricata : photos d'une colonie bleu violacé.

Romain Ferry

DISTRIBUTION

Espèce commune, présente dans toute l'aire de répartition géographique couverte par ce guide.

Porites furcata : aspect typique d'une colonie. Remarquez les branches compactes à extrémités arrondies ressemblant à des doigts. À droite et à gauche de la colonie de *P. divaricata*, on observe des colonies d'*Agaricia tenuifolia*.

Porite digitée fourchue

Porites furcata **Lamarck, 1816**

LC

CARACTÈRES DISTINCTIFS

Colonies branchues constituées de branches compactes dont le diamètre est généralement compris entre 10 et 20 mm, et dont les extrémités arrondies ressemblent à des doigts. Polypiérites profonds dont le diamètre dépasse rarement 1,5 mm. Trois septes ventraux fusionnés (septe ventral directeur fusionné avec deux autres septes pour former un triplet), septe dorsal solitaire et deux paires de septes latéraux fusionnés de chaque côté de l'axe dorso-ventral. Bord supérieur des septes orné d'un denticule. Présence de trois rangées concentriques de denticules muraux. Présence de cinq *pali* bien développés, un devant le triplet ventral et un devant chaque paire latérale. Columelle styliforme bien développée. Tentacules des polypes généralement épanouis de jour, donnant un aspect duveteux à la colonie. Squelette relativement solide : les branches ne se brisent que si l'on applique une certaine pression.

COULEUR

Gris brunâtre.

HABITAT

Espèce rencontrée à faible profondeur, où elle peut recouvrir des surfaces importantes lorsque les conditions du milieu sont favorables, notamment à l'arrière des récifs, mais encore observable jusqu'à la profon-

Porites furcata : les colonies se présentent sous la forme de branches compactes de taille moyenne dont les extrémités arrondies ressemblent à des doigts.

deur maximale de 53 m. De nombreux organismes (chitons, ophiures, oursins, poissons) viennent trouver refuge entre les branches compactes.

DISTRIBUTION

Espèce commune à abondante présente dans toute l'aire de répartition géographique couverte par ce guide, et qui vient d'être récemment observée aux Bermudes, mais dont la distribution semble très limitée (Murdoch *et al.*, 2008).

Porites porites : les colonies se présentent sous la forme de grosses branches robustes dressées ou s'étalant dans tous les sens dont les extrémités sont arrondies en forme de massue.

Porite digitée

Porites porites **(Pallas, 1766)**

LC

CARACTÈRES DISTINCTIFS

Colonies branchues formées de branches robustes et trapues dressées ou s'étalant dans tous les sens, dont le diamètre peut dépasser 2,5 cm et dont les extrémités sont arrondies en forme de massue. Polypiérites profonds de petite taille (généralement < 2 mm de diamètre). Cœnosteum grossier formant une surface rugueuse. Trois septes ventraux fusionnés (septe ventral directeur fusionné avec deux autres septes pour former un triplet), septe dorsal solitaire et deux paires de septes latéraux fusionnés de chaque côté de l'axe dorso-ventral. Bord supérieur des septes orné d'un gros denticule. Présence de trois rangées concentriques de denticules muraux. Présence de cinq *pali* bien développés, un devant le triplet ventral et un devant chaque paire latérale, plus rarement six *pali*. Columelle styliforme bien développée. Tentacules des polypes généralement épanouis de jour, donnant un aspect duveteux à la colonie. Squelette relativement solide, les branches ne se brisent que si l'on applique une certaine pression.

COULEUR

Beige à gris brunâtre, parfois pourpre avec des pointes blanches.

HABITAT

Espèce rencontrée depuis la surface jusqu'à 110 m de profondeur maximale. Espèce sans préférence

Porites porites : autre aspect d'une colonie.

écologique nette, observable dans tous les types d'habitats récifaux et les mangroves.

DISTRIBUTION

Espèce commune à abondante, présente dans toute l'aire de répartition géographique couverte par ce guide, mais également aux Bermudes et le long des côtes tropicales d'Afrique occidentale et des îles du Cap-Vert.

CONSIDÉRATIONS TAXONOMIQUES

Dans un premier temps, les scientifiques ont reconnu l'existence de trois espèces morphologiquement proches, *P. divaricata*, *P. furcata* et *P. porites*. Plus tard, du fait des similitudes dans la structure des polypiérites et étant donné que les trois espèces occupent généralement des positions différentes au niveau des récifs, la plupart des scientifiques en ont conclu qu'il s'agissait de trois morphotypes correspondant à des variations d'une seule espèce, *P. porites*. La validité génétique de ces trois espèces est encore à l'heure actuelle l'objet de vifs débats. Certaines études tendent à montrer que ces trois espèces sont génétiquement distinctes (Weil, 1992 ; Forsman *et al.*, 2009) ; d'autres, au contraire, semblent indiquer qu'il n'existe pas de différences génétiques majeures entre ces trois espèces (Prada *et al.*, 2014), remettant en cause l'existence même de ces espèces.

Sous-ordre *Refertina* Okubo, 2016
Famille des *Siderastreidae* Vaughan & Wells, 1943

Coraux coloniaux généralement fixés, plus rarement libres, avec zooxanthelles.
Bourgeonnement extra ou intra-tentaculaire.
Colonies généralement de forme massive ou encroûtante.
Polypiérites de forme ronde à polygonale agencés selon le type cérioïde.
Septes nombreux disposés selon une symétrie héxamérique comprenant plusieurs cycles plus ou moins complets.
Septes du cycle suivant fusionnant avec ceux du cycle précédant par leur marge interne en un patron caractéristique.
Septes adjacents réunis les uns aux autres par des éléments squelettiques en forme de tiges, les synapticules, disposés de façon horizontale.
Synapticules alignés à travers les espaces interseptaux pour former des anneaux synapticulaires disposés les uns au-dessus des autres et constituant une muraille de type synapticulothécale (réseau de septes réunis par des synapticules).
Bord libre des septes ornés de dents fines.
Columelle styliforme ou papilleuse.
Tentacules des polypes épanouis uniquement la nuit.

Cette famille est représentée uniquement par le genre *Siderastrea* (deux espèces, *S. radians* et *S. siderea*) dans les Caraïbes.

GENRE *SIDERASTREA* BLAINVILLE, 1830

Colonies massives en forme de dôme ou encroûtantes. Polypiérites ronds à polygonaux, dont le diamètre est généralement compris entre 2 et 8 mm et agencés selon le type cérioïde. Bourgeonnement extra ou intra-tentaculaire. Septes nombreux, disposés selon une symétrie hexamérique comprenant plusieurs cycles plus ou moins complets. Septes du cycle suivant fusionnant avec ceux du cycle précédant par leur marge interne en un patron caractéristique. Bord libre des septes ornés de dents fines en forme de scie. Muraille de type synapticulothécale comprenant plusieurs anneaux synapticulaires de forme plus ou moins régulière. Columelle généralement constituée de quelques papilles. Tentacules épanouis uniquement la nuit.

Les coraux du genre *Siderastrea* ont une répartition circumtropicale.

Siderastrea siderea.

Siderastrea radians : aspect typique d'une colonie.

Petit corail starlette

Siderastrea radians **(Pallas, 1766)**

LC

CARACTÈRES DISTINCTIFS

Colonies généralement encroûtantes, mais aussi parfois massives, en forme de dôme irrégulier et mesurant rarement plus de 10 cm de diamètre. Dans certaines circonstances, les colonies peuvent être libres et ressembler à de petits nodules. Polypiérites de contour circulaire ou polygonal, souvent irréguliers, en forme d'entonnoirs relativement profonds (< 2 mm de profondeur), dont le diamètre est compris entre 2 et 4 mm et agencés selon le type cérioïde. Polypiérites recouvrant la surface entière de la colonie chez les formes libres. 24 à 46 septes par calice. Trois cycles complets de septes, 4e cycle toujours incomplet ou absent, 5e cycle rare, 6e cycle absent. Septes inégaux en épaisseur, espacés de façon irrégulière. Fusions des septes apparaissant entre S2-S3 et S3-S4. Taille des septes : S1 ⩾ S2 > S3 > S4. Bord libre des septes finement denté. Muraille épaisse de type synapticulothécale. Synapticules disposées en deux à trois rangées de forme irrégulière. Septes disposés de façon généralement continue entre les calices adjacents. Columelle épaisse constituée d'une à trois papilles fusionnées. Occasionnellement, la fusion est réduite et environ cinq courtes papilles aplaties sont observées.

COULEUR

Blanchâtre, beige grisâtre à marron clair, le centre des calices apparaissant sombre.

Siderastrea radians: autre aspect typique d'une colonie. Les colonies se présentent sous l'aspect de minces plaques encroûtantes mesurant généralement moins de 10 cm de diamètre

HABITAT

Espèce rencontrée généralement à faible profondeur, depuis les flaques qui découvrent à marée basse jusqu'à une dizaine de mètres, sur les substrats durs ou dans les herbiers à *Thalassia testudinum* (herbe à tortue) où les colonies peuvent être libres et transportées par la houle. Espèce pouvant encore être observée jusqu'à la profondeur maximale de 40 m. Espèce extrêmement résistante tolérant les variations de température, les faibles salinités (jusqu'à 15) et même un enfouissement temporaire sous les sédiments pendant 7 à 10 jours.

DISTRIBUTION

Espèce commune, présente dans toute l'aire de répartition géographique couverte par ce guide, mais également aux Bermudes et le long des côtes tropicales du Brésil, d'Afrique occidentale, des îles du Cap-Vert et de l'île de l'Ascencion.

CONSIDÉRATIONS TAXONOMIQUES

Une espèce très voisine, *Siderastrea stellata* Verrill 1868, est présente sur les côtes tropicales du Brésil. Le diamètre de la columelle est plus petit, le nombre de septes est plus important et la profondeur de la columelle est plus importante chez *S. stellata* (Menezes *et al.*, 2013). De plus, le 4e cycle de septe (S4) est toujours incomplet chez *S. radians*, alors qu'il est généralement complet chez *S. stellata* (Neves, 2004).

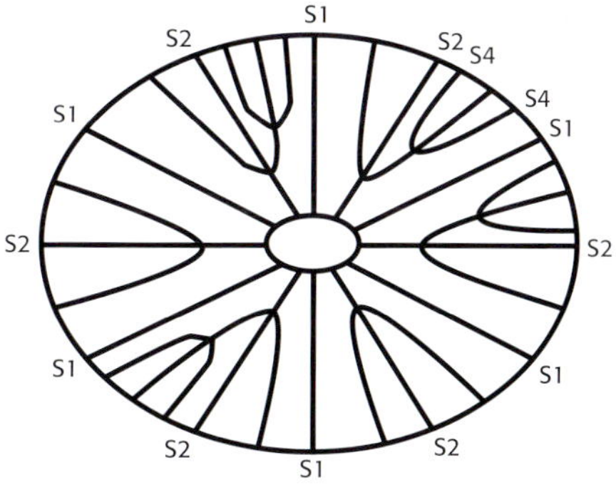

Distribution basique des cycles de septes chez *S. radians* (comparer avec *S. siderea* ; d'après Neves *et al.*, 2010).

Siderastrea siderea : aspect typique d'une colonie adulte se présentant sous l'aspect d'un grand dôme pouvant atteindre plusieurs mètres de diamètre.

Corail starlette massif

Siderastrea siderea (Ellis & Solander, 1786)

LC

CARACTÈRES DISTINCTIFS

Colonies massives en forme de dôme pouvant atteindre plusieurs mètres de diamètre. Stades juvéniles encroûtants. Polypiérites de contour circulaire à polygonal, souvent irréguliers, en forme d'entonnoirs profonds (2 à 3 mm de profondeur) dont le diamètre est compris entre 3 et 6 mm et agencés selon le type cérioïde. 40 à 64 septes par calice. Trois cycles complets de septes, 4e cycle rarement incomplet, 5e cycle incomplet ou absent, 6e cycle rare. Septes du dernier cycle plus fins que ceux des autres cycles. Fusions des septes apparaissant entre S2-S3, S3-S4 et S4-S5. Taille des septes : S1 ⩾ S2 > S3 > S4 > S5. Bord libre des septes finement denté. Muraille fine de type synapticulothécale. Synapticules disposées en trois à six rangées de forme régulière. Septes disposés de façon alternée entre les calices adjacents. Columelle fine et papillaire présentant généralement dans sa région centrale une proéminence robuste entourée de trois à six papilles plus petites.

COULEUR

Brun rougeâtre, le centre des calices n'apparaît pas sombre.

HABITAT

Espèce rencontrée généralement à faible profondeur, depuis la surface jusqu'à une quinzaine de mètres de profondeur, mais pouvant encore être observée jusqu'à la profondeur maximale de 70 m. À faible

Siderastrea siderea : vue de détail de la surface d'une colonie montrant les polypiérites de contour circulaire à polygonal, souvent irréguliers, en forme d'entonnoirs profonds.

profondeur, cette espèce fréquente plutôt les zones abritées des récifs ; par contre, à profondeur plus importante, on peut la trouver un peu partout sur les récifs. Espèce préférant les eaux claires. Au niveau des pentes externes entre 10 et 30 m de profondeur, *S. siderea* peut être l'une des principales espèces constructrices de la communauté corallienne.

DISTRIBUTION

Espèce commune présente dans toute l'aire de répartition géographique couverte par ce guide, ainsi qu'aux Bermudes. Espèce pouvant tolérer des eaux froides (température inférieure à 16 °C pendant plus de trois mois de l'année) et observée jusqu'en Caroline du Nord sur la façade est des États-Unis. La présence de cette espèce le long des côtes tropicales du Brésil vient d'être récemment démontrée (Neves *et al.*, 2010).

CONSIDÉRATIONS TAXONOMIQUES

Les nouveaux polypiérites apparaissent uniquement par bourgeonnement extra-tentaculaire chez *S. siderea*, contrairement à *S. radians*. Les colonies juvéniles de *S. siderea* sont encroûtantes et difficiles à distinguer de celles de *S. radians*, qui présentent des calices moins ronds et symétriques avec une dépression centrale plus profonde, des centres sombres et des septes plus développés.

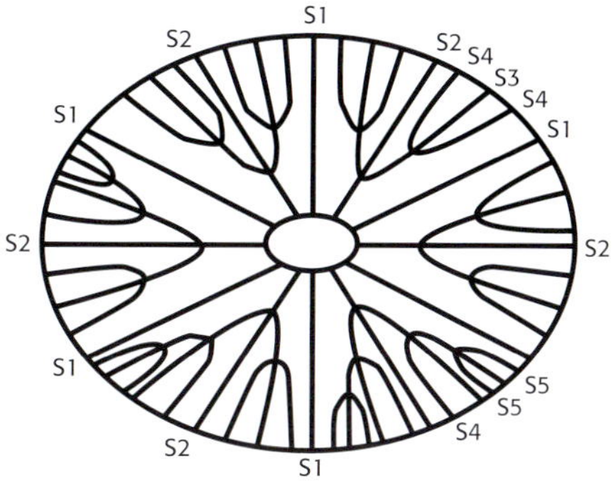

Distribution basique des cycles de septes chez *S. siderea* (comparer avec *S. radians* ; d'après Neves *et al.*, 2010).

Sous-ordre *Vacatina* Okubo, 2016
Famille des *Meandrinidae* Gray, 1847

Coraux coloniaux fixés ou libres avec des zooxanthelles.
Bourgeonnement intra-tentaculaire.
Forme des colonies variable (colonies massives, en forme de colonne ou encroûtantes).
Agencement des polypiérites de type plocoïde, phacéloïde ou méandroïde.
Muraille solide.
Septes bien développés, saillants et espacés de façon régulière.
Columelle lamellaire plus ou moins développée.
Tentacules des polypes épanouis de jour ou de nuit selon les espèces.
Les espèces de la famille des Méandrinidés sont communes dans les zones des récifs peu exposées à l'action des vagues.

Cette famille comprend des espèces présentes uniquement dans la partie occidentale de l'océan Atlantique tropical. Elle est représentée dans les Caraïbes par les genres : *Dendrogyra* (1 espèce), *Dichocoenia* (1 espèce), *Eusmilia* (1 espèce) et *Meandrina* (3 espèces). *Dendrogyra cylindrus* et *Dichocoenia stokesii* sont classés comme espèces vulnérables selon les critères définis par la liste rouge de l'UICN car leurs populations ont diminué de l'ordre de 38 % au cours des 30 dernières années. Par ailleurs, *D. cylindrus* fait l'objet d'un arrêté en Guadeloupe, en Martinique et à Saint-Martin fixant les modalités de sa protection (voir annexe p. 220).

GENRE *DENDROGYRA* EHRENBERG, 1834
Ce genre comporte une seule espèce, *Dendrogyra cylindrus*, présente uniquement dans les Caraïbes.

GENRE *DICHOCOENIA* MILNE EDWARDS & HAIME, 1848
Ce genre comporte une seule espèce polymorphe, *Dichocoenia stokesii*, présente dans les Caraïbes ainsi qu'aux Bermudes.

GENRE *EUSMILIA* MILNE EDWARDS & HAIME, 1848
Ce genre comporte une seule espèce polymorphe, *Eusmilia fastigiata*, présente dans les Caraïbes ainsi qu'aux Bermudes.

GENRE *MEANDRINA* LAMARCK, 1801
Coraux coloniaux généralement fixés, parfois libres sous forme de nodules. Colonies encroûtantes, submassives ou plus rarement en forme de colonnes. Agencement des polypiérites de type méandroïde, avec une seule rangée de centres calicinaux par vallée (disposition unisériée). Septes épais, saillants, disposés de façon régulière et alternant en taille. Faces latérales des septes finement granuleuses. Septes majeurs s'étendant jusqu'à la columelle lamellaire discontinue localisée dans le fond des vallées, septes mineurs libres.

Les coraux du genre *Meandrina* sont localisés uniquement dans la partie occidentale de l'Atlantique tropical. Jusqu'à présent, on pensait que ce genre ne comportait que deux espèces, l'une présente dans la mer des Caraïbes – *M. meandrites* (Linnæus, 1758) – et l'autre sur les côtes tropicales du Brésil – *M. brasiliensis* (Milne-Edwards et Haime, 1848). Une deuxième espèce localisée dans les Caraïbes, *M. danae* (Milne-Edwards et Haime, 1848), était alors considérée comme identique à *M. brasiliensis* ou comme un écomorphe de *M. meandrites*.

Une étude taxonomique récente (Pinzon et Weil, 2011), basée sur des observations de terrain et des examens morphologiques approfondis, a permis de clarifier la situation. Il apparaît désormais que *M. danae* est une espèce à part entière. En outre, au cours de cette étude, il a été mis en évidence l'existence, dans la mer des Caraïbes, d'une troisième espèce morphologiquement distincte, *M. jacksoni* Weil & Pinzon, 2011.

Dichocoenia stokesii : en haut, squelette d'une colonie montrant l'agencement des polypiérites de type plocoïde à méandroïde ainsi que les septes saillants ; à droite, vue rapprochée montrant la présence de lobes paliformes en avant des septes principaux.

Dendrogyra cylindrus : aspect typique d'une colonie.

Corail cierge

Dendrogyra cylindrus Ehrenberg, 1834

VU

CARACTÈRES DISTINCTIFS

Colonies formant des colonnes ou des piliers cylindriques se dressant verticalement à partir d'une base encroûtante et pouvant atteindre jusqu'à 3 m de hauteur. Agencement des polypiérites de type méandroïde, avec une seule rangée de centres calicinaux par vallée (disposition unisériée). Vallées sinueuses, peu profondes, étroites (largeur maximale : 5 mm) et discontinues. Fine rainure parcourant généralement le sommet des collines, mais tendant à régresser voire à disparaître aux extrémités des piliers. Septes lisses, épais, disposés en deux ordres, alternant en taille et dont seuls les plus longs fusionnent avec la columelle lamellaire et discontinue. Les colonnes brisées et tombées sur le substrat peuvent donner naissance à de nouvelles colonnes. Tentacules des polypes épanouis de jour, donnant un aspect duveteux à la colonie.

COULEUR

Bronze à gris brunâtre et marron foncé.

HABITAT

Espèce rencontrée entre 1 et 25 m de profondeur sur des fonds plats ou légèrement inclinés. Espèce également présente au niveau des mangroves.

DISTRIBUTION

Espèce occasionnelle présente dans toute l'aire de répartition géographique couverte par ce guide.

Dendrogyra cylindrus : les colonies se présentent sous la forme de colonnes dressées.

Thomas Menut

CONSIDÉRATIONS TAXONOMIQUES

Espèce très facile à reconnaître et qui ne peut être confondue avec aucune autre étant donné son aspect typique.

Dendrogyra cylindrus : en haut, à droite, les tentacules sont épanouis de jour chez cette espèce ci-dessus ; détail du squelette, tentacules en partie rétractés.

Ci-dessus, Denis Ader

Dichocoenia stokesii : aspect d'une colonie.
Thomas Menut

Corail étoilé elliptique

Dichocoenia stokesii (Milne Edwards & Haime, 1849)

VU

CARACTÈRES DISTINCTIFS

Colonies généralement massives, en dôme ou encroûtantes, se présentant sous la forme de plaques épaisses pouvant mesurer jusqu'à 50 cm de diamètre. Agencement des polypiérites de type plocoïde à méandroïde. Lorsqu'ils sont isolés, les polypiérites, de forme circulaire à elliptique (3 à 5 mm de largeur), sont proéminents et espacés de façon uniforme. Lorsqu'ils sont regroupés, ils constituent de courtes vallées (longueur maximale : 5 cm) rectilignes ou en « Y » peu profondes ne contenant qu'une seule rangée de centres calicinaux (disposition unisériée). Septes lisses et saillants. Alternance de septes fins et épais fusionnant avec la fine columelle lamellaire continue ou discontinue. Septes principaux ornés de petits lobes paliformes. Cœnosteum granuleux. Tentacules des polypes parfois partiellement épanouis de jour.

COULEUR

Orange, jaune, marron plus rarement verdâtre avec des septes très visibles de couleur blanche.

HABITAT

Espèce rencontrée entre 2 et 72 m de profondeur, mais plus commune entre 3 et 20 m de fond : néanmoins, elle est plus rare dans la partie haute des récifs. Espèce parfois libre.

Dichocoenia stokesii : en haut, les colonies se présentent sous la forme de petits dômes (à gauche) ou de plaques épaisses (à droite) ; en bas, détail de la surface de la colonie montrant l'agencement des polypiérites de type plocoïde (à gauche), à méandroïde (à droite).

En haut, à droite, Thomas Menut

DISTRIBUTION

Espèce plus ou moins commune, présente dans toute l'aire de répartition géographique couverte par ce guide, à l'exception de la Floride où elle est occasionnelle. Elle est également présente aux Bermudes.

CONSIDÉRATIONS TAXONOMIQUES

Les colonies encroûtantes se présentant sous la forme de plaques épaisses, dont les calices plus petits sont agencés selon le type plocoïde, étaient autrefois considérées comme une espèce distincte, *Dichocoenia stellaris* Milne Edwards & Haime, 1848. Il semble désormais acquis qu'il s'agit d'une forme (un morphotype ou écotype) de *D. stokesii* induite par un faible éclairement, *Dichocoenia stokesii* forme *stellaris* Milne Edwards & Haime, 1848.

Eusmilia fastigiata f. *fastigiata* : aspect d'une colonie.
Thomas Menut

Corail-fleur doux

Eusmilia fastigiata **(Pallas, 1766)**

LC

CARACTÈRES DISTINCTIFS

Colonies en forme de dôme mesurant jusqu'à 50 cm de diamètre, se présentant sous deux formes différentes : les colonies de la **forme *fastigiata*** (Pallas, 1766) sont constituées de branches à ramification dichotomique fortement espacées, chaque branche se terminant par un polypiérite de forme ovale mesurant jusqu'à 3,5 cm de longueur (agencement des polypiérites de type phacéloïde) ; les colonies de la **forme *flabellata*** Wells, 1973, plus rares, sont constituées de branches se terminant par une série de deux ou trois polypiérites, parfois plus, pouvant atteindre jusqu'à 15 cm de longueur pour 1,25 cm de largeur (agencement des polypiérites de type flabello-méandroïde). Seules les parties terminales des branches sont recouvertes de tissus vivants, alors que les parties basales sont nécrosées et souvent incrustées d'algues calcaires. Septes lisses espacés de façon régulière, disposés en deux ordres alternants. Septes primaires saillants. Côtes bien développées, s'étendant sur toute la longueur des branches. Columelle bien développée lamellaire. Tentacules des polypes épanouis uniquement la nuit, de deux tailles différentes : ceux correspondant aux septes primaires possèdent une base élargie.

COULEUR

Gris-beige à jaune brunâtre, avec parfois un reflet iridescent bleu-vert.

Eusmilia fastigiata : en haut, les colonies de la forme *fastigiata* se présentent sous l'aspect de petits dômes constitués de branches à ramification dichotomique fortement espacées se terminant par un polypiérite de forme ovale ; au milieu, les colonies de la forme *flabellata* sont constituées de branches se terminant par une série de deux ou trois polypiérites parfois plus ; en bas, à gauche, vue de détail de la surface de la colonie montrant les costoseptes saillants ; en bas, à droite, tentacules épanouis la nuit.

En haut, à droite, Thomas Menut ; en bas, à gauche et à droite, Denis Ader

HABITAT

Espèce rencontrée depuis 1 m jusqu'à 65 m de profondeur maximale, mais plus commune entre 3 et 30 m de fond. Espèce préférant les zones calmes et ombragées des récifs, également présente au niveau des mangroves.

DISTRIBUTION

Espèce occasionnelle à commune présente dans toute l'aire de répartition géographique couverte par ce guide, mais qui est également présente jusqu'au nord de l'état de Caroline sur la côte est des États-Unis.

CONSIDÉRATIONS TAXONOMIQUES

Selon certains scientifiques (Lang, 1973 ; Human et Deloach, 2006 ; Reyes *et al.*, 2009), *E. fastigiata* ferait partie de la famille des *Caryophylliidae* et non pas de celle des *Meandrinidae*.

Meandrina danae : aspect d'une colonie.
Thomas Menut

Méandrine de Dana

Meandrina danae (Milne Edwards & Haime, 1848)

NE

CARACTÈRES DISTINCTIFS

Colonies le plus souvent libres, parfois attachées au substrat récifal, de petite taille (surface généralement inférieure à 20 cm²) et de forme allongée, présentant un court pédoncule conique. Agencement des polypiérites de type méandroïde avec une seule rangée de centres calicinaux par vallée (disposition unisériée). Colonies mesurant jusqu'à 15 cm de longueur et présentant une vallée centrale se ramifiant en vallées plus courtes et disposées généralement perpendiculairement à la vallée centrale chez les colonies les plus grandes. Petites colonies comprenant une unique vallée allongée renfermant plusieurs centres calicinaux. Septes primaires épais (0,6 ± 0,01 mm) et longs (7,86 ± 0,01 mm) alternant généralement avec des septes secondaires plus courts et plus fins (0,4 ± 0,01 mm). Columelle lamellaire généralement continue et facilement visible. Polypes épanouis la nuit, avec de courts tentacules disposés le long des vallées et entre les septes. Des tentacules à pointe blanche peuvent parfois être observés de jour entre les septes.

COULEUR

Jaune moutarde à marron sombre, parfois verdâtre.

HABITAT

Colonies le plus souvent libres rencontrées sur les fonds constitués de sables fins à grossiers, fragments coquilliers et d'algues calcaires à profondeur

Meandrina danae : en haut, colonies juvéniles libres ; en bas, colonie adulte de forme allongée.

moyenne ou grande (> 12 m). Le pédoncule conique intervient probablement dans la stabilisation de la colonie. Espèce parfois rencontrée à profondeur moins importante (5-10 m), dans les herbiers à *Thalassia testudinum* (herbe à tortue). Les colonies retournées peuvent reprendre leur position initiale en une journée par expansion des tissus après absorption d'eau. Cette espèce peut former des assemblages de formes libres, sur les substrats meubles, avec *Manicina areolata*.

DISTRIBUTION

Espèce présente dans la mer des Caraïbes, mais dont l'aire de répartition géographique demande à être précisée. Elle est absente des Bermudes, des Bahamas, de la Floride et du nord du golfe du Texas (Flower Garden Banks). Jusqu'à présent, elle n'a pas été signalée à Trinidad, Tobago, Grenade et d'autres endroits des îles Sous-le-Vent.

Meandrina jacksoni : aspect d'une colonie.

Méandrine de Jackson

Meandrina jacksoni **Weil & Pinzón, 2011**

NE

CARACTÈRES DISTINCTIFS

Colonies de taille petite à moyenne, en forme de plaque ou submassives, dépourvues de pédoncule (diamètre compris entre 10 et 50 cm), parfois aussi plus grandes, encroûtantes aplaties ou submassives, pouvant atteindre 1 m de diamètre. Agencement des polypiérites de type méandroïde, avec une seule rangée de centres calicinaux par vallée (disposition unisériée). Vallées peu profondes, longues et sinueuses ou droites et grandes ouvertes, avec des collines peu élevées (0,82 ± 0,01 cm) et étroites (1,26 ± 0,02 cm). Vallées généralement continues, mais pouvant être fermées chez les colonies de taille moyenne à grande. Des collines courtes et non connectées peuvent être observées chez les colonies les plus grandes. Bord de la colonie généralement ouvert avec des collines non bordantes. Septes peu élevés, épais (1,17 ± 0,08 mm), longs (7,88 ± 0,10 mm) et fortement espacés (2,79 ± 0,04 mm), donnant l'impression que les vallées sont larges. Septes primaires pouvant alterner le long des collines qui sont dépourvues de rainure à leur sommet. Columelle lamellaire le plus souvent continue et facilement observable étant donné que les vallées sont ouvertes et peu profondes. Polypes épanouis la nuit, avec de courts tentacules disposés le long des vallées et entre les septes. Des tentacules à pointe blanche peuvent parfois être observés de jour entre les septes.

Meandrina jacksoni : détail de la surface de la colonie montrant les vallées peu profondes, longues et sinueuses et les collines peu élevées et étroites.

COULEUR

Crème pâle ou jaune pâle, mais parfois blanchâtre.

HABITAT

Espèce présente entre 0,5 et 70 m de profondeur, mais plus commune entre 5 et 20 m de fond dans tous les types d'habitats récifaux, depuis les récifs du large exposés à la houle jusqu'aux récifs côtiers peu profonds et soumis à une forte turbidité. Taille des colonies variant de façon importante selon la localisation géographique des populations.

DISTRIBUTION

Espèce commune, présente dans toute l'aire de répartition géographique couverte par ce guide depuis les Bahamas jusqu'à Trinidad et Tobago, les côtes d'Amérique centrale et les côtes septentrionales de Colombie et du Venezuela. Espèce absente des Bermudes et du nord du golfe du Mexique (Flower Garden Banks). Comme cette espèce a souvent été confondue avec *M. meandrites*, il convient de mieux définir son aire de distribution géographique ainsi que sa distribution bathymétrique.

Meandrina meandrites : aspect d'une colonie.

Méandrine

Meandrina meandrites **(Linnæus, 1758)**

LC

CARACTÈRES DISTINCTIFS

Colonies de taille moyenne, en forme de plaque ou submassives, dépourvues de pédoncule (diamètre compris entre 10 et 50 cm), parfois aussi de taille plus grande, de forme encroûtante ou hémisphérique convexe. Agencement des polypiérites de type méandroïde avec une seule rangée de centres calicinaux par vallée (disposition unisériée). Colonies formant parfois des colonnes pouvant atteindre 50 cm de hauteur. Agencement des polypiérites de type méandroïde. Vallées longues et sinueuses ou droites et étroites (0,84 ± 0,02 cm) et profondes (0,5 ± 0,01 cm). Vallées généralement continues chez les colonies les plus petites mais pouvant être fermées et contenir de nombreux centres calicinaux chez les colonies de plus grande taille. Collines élevées et larges (1,51 ± 0,03 cm) constituées par une muraille épaisse et des septes primaires lisses, épais, longs (3,53 ± 0,05 mm) et espacés (1,58 ± 0,02 mm) s'étendant jusqu'à la columelle. Des septes fins plus petits (1,74 ± 0,03 mm) alternant avec les septes primaires peuvent également être présents. Fine rainure peu profonde clairement visible au sommet des collines chez la plupart des colonies. Columelle lamellaire discontinue, parfois absente. Polypes épanouis la nuit avec de courts tentacules disposés le long des vallées et entre les septes. Des tentacules à pointe blanche peuvent parfois être observés de jour entre les septes.

Meandrina meandrites : squelette d'une colonie de forme submassive montrant l'agencement des polypiérites de type méandroïde ; notez les septes primaires lisses, épais et longs s'étendant jusqu'à la columelle lamellaire et la fine rainure peu profonde au sommet des collines.

COULEUR

Variable, jaune moutarde à orangé ou marron foncé.

HABITAT

Espèce présente depuis la surface jusqu'à 80 m de profondeur maximale, mais plus commune entre 8 et 25 m de fond. Les colonies de taille petite à moyenne sont localisées préférentiellement à mi-profondeur et à profondeur importante, tandis que les colonies de grande taille sont plus communes à faible profondeur.

DISTRIBUTION

Espèce commune présente dans toute l'aire de répartition géographique couverte par ce guide, depuis les Bermudes, la Floride, les Bahamas jusqu'à Trinidad et Tobago, les côtes d'Amérique centrale et les côtes septentrionales de Colombie et du Venezuela. Elle semble néanmoins absente de Saba et Saint-Eustache et n'a pas été répertoriée dans le nord du golfe du Mexique.

Aux Bermudes, les colonies de petite taille dépassent rarement plus de 30 cm de diamètre. Les septes sont longs et épais et rapprochés donnant l'impression que les vallées sont particulièrement larges. Le statut taxonomique de telles colonies demande à être précisé.

CONSIDÉRATIONS TAXONOMIQUES

En 1973, Wells a décrit une espèce de Meandrinidé d'un genre particulier, *Goreaugyra memorialis* Wells, 1973, caractérisée par une colonie en forme de colonne, avec des vallées méandroïdes longues et discontinues séparées par des collines portant des ambulacres (rainures) profonds et larges ; les septes saillants alternent en taille et sont épaissis au niveau de la muraille ; leurs faces latérales sont finement granulées ; les septes majeurs fusionnent avec la columelle ; les centres columellaires constitués d'un enchevêtrement de trabécules sont reliés par une plaque columellaire lamellaire. Cependant, le statut

Meandrina meandrites : vue de détail des septes.

Thomas Menut

taxonomique de cette espèce demeure douteux du fait qu'un seul spécimen (holotype) a été récolté aux Bahamas ! En se basant sur ce fait, certains auteurs ont considéré *G. memorialis* comme un écomorphe de *M. meandrites* (Zlatarski et Martinez-Estalella, 1982) : l'étude récente réalisée par Pinzon et Weil (2011) a démontré que *G. memorialis* n'est en réalité qu'une forme de croissance aberrante de *M. meandrites*.

Les trois espèces dont la présence dans la mer des Caraïbes est désormais reconnue constituent des espèces valides au sens biologique du terme, car elles sont isolées au plan reproductif. En effet, l'étude des modes de reproduction et de développement des trois espèces à Porto Rico a montré que, bien que ces trois espèces émettent leurs gamètes dans la colonne d'eau (*broadcasting species* des auteurs anglophones), il existe des différences suffisamment importantes évitant aux espèces de se reproduire entre elles (Pinzon et Weil, 2011). *Meandrina danae* et *M. meandrites* sont des espèces majoritairement hermaphrodites (quelques colonies sont gonochoriques), alors que *M. jakcsoni* est exclusivement gonochorique. Par ailleurs, il existe des différences significatives concernant la durée des cycles gamétogénétiques et la période d'émission des gamètes. Ainsi, la gamétogenèse dure six mois chez *M. danae* (juin à décembre), quatre mois chez *M. meandrites* (juillet à octobre) et uniquement trois mois chez *M. jaksoni* (juillet à septembre).

En outre, *M. danae* émet ses gamètes durant l'hiver (décembre), *M. meandrites* en automne (octobre) et *M. jacksoni* en été (septembre) : il existe donc un décalage temporel dans l'émission des gamètes assurant un isolement reproductif entre ses trois espèces. Il convient également de noter qu'à Porto Rico les trois espèces occupent des habitats relativement distincts : *M. danae* n'est présent que sur les fonds sableux relativement profonds (> 12 m) des récifs côtiers alors que *M. jacksoni* est localisé préférentiellement au niveau des récifs du large où on la rencontre à toutes profondeurs ; *M. meandrites* présente l'aire de distribution géographique la plus étendue puisqu'on le trouve aussi bien au niveau des récifs côtiers que de ceux du large, mais il est plus abondant entre 5 et 15 m de profondeur.

Meandrina meandrites : les colonies se présentent sous l'aspect de plaques (voir la photo p. 108) ou sont de forme hémisphérique (en haut, à gauche). Elles peuvent plus rarement prendre l'aspect de grandes colonnes (ci-contre). Les collines sont généralement larges et les vallées étroites. En bas, vue de détail de la surface de la colonie montrant les polypes épanouis de nuit.

En bas, Denis Ader

Sous-ordre *Vacatina* Okubo, 2016
Famille des *Merulinidae* Verrill, 1865

Coraux coloniaux fixés ou libres avec zooxanthelles.
Forme des colonies variable, le plus souvent massives ou encroûtantes, mais pouvant être foliacées.
Bourgeonnement des polypes de type intra et/ou extra-tentaculaire.
Agencement des polypiérites de type plocoïde, cérioïde, phacéloïde ou méandroïde.
Septes disposés en plusieurs cycles.
Présence ou absence de lobes paliformes.
Columelle de taille variable, trabéculaire (constituée d'éléments squelettiques en forme de petites tiges plus ou moins torsadées entremêlées, les trabécules), ou lamellaire, continue ou discontinue entre les polypiérites adjacents.
Bord libre des septes orné de dents de contour circulaire à pointes irrégulières.
Faces latérales des septes ornées de granules dispersés ou alignés de forme généralement irrégulière.

En se basant sur des travaux de biologie moléculaire et sur des critères micromorphologiques (forme et orientation des dents septales, forme et distribution des granules ornant les faces latérales des septes) observables uniquement au microscope (Budd *et al.*, 2012), il a été montré que la famille des Mérulinidés regroupe, en plus des espèces traditionnellement classées dans cette famille, les espèces provenant de l'Indo-Pacifique autrefois classées dans la famille des Faviidés, ainsi que les espèces du genre *Orbicella*, présentes uniquement dans la partie occidentale de l'océan Atlantique tropical. Ces dernières étaient traditionnellement rattachées au genre *Montastraea*.

La famille des Mérulinidés est représentée uniquement par le genre *Orbicella* (trois espèces, *O. annularis*, *O. faveolata* et *O. franksi*) dans les Caraïbes.

GENRE *ORBICELLA* DANA, 1846

Bourgeonnement des polypes de type extra-tentaculaire. Agencement des polypiérites de type plocoïde. Cœnosteum modérément développé (< diamètre des polypiérites). Largeur des calices < 4 mm, relief peu marqué (< 3 mm). Septes disposés en trois cycles (24 à 36 septes). Septes espacés (> 11 septes pour 5 mm). Septes d'épaisseur relative égale. Columelle trabéculaire compacte (constituée d'un à trois éléments squelettiques) ≥ ¼ de la largeur du calice. Bord libre des septes orné de petites dents (hauteur < 0,3 mm), de contour circulaire à pointes irrégulières, avec plus de 6 dents par septe. Faces latérales des septes ornées de granules dispersés de taille irrégulière. Tentacules des polypes épanouis de nuit ou de jour et de nuit selon les espèces.

Les trois espèces du genre *Orbicella* sont considérées comme menacées selon les critères définis par l'UICN. *Orbicella annularis* et *O. faveolata* sont classées comme espèces en danger, car leurs populations dont diminué de plus de 50 % lors des 30 dernières années ; *O. franksi* est classée comme espèce vulnérable, car ses populations ont chuté de l'ordre de 38 % lors des 30 dernières années. Par ailleurs, les 3 espèces du genre *Orbicella* font l'objet d'un arrêté en Guadeloupe, en Martinique et à Saint-Martin fixant les modalités de leur protection (voir annexe p. 220).

Orbicella annnularis.

Orbicella annularis : aspect d'une colonie.

Corail étoilé massif

Orbicella annularis **(Ellis & Solander, 1786)**

EN

CARACTÈRES DISTINCTIFS

Colonies de forme massive, pouvant mesurer 1 à 2 m de diamètre pour une hauteur de 75 cm, constituées de groupes de colonnes irrégulières longues et épaisses dont le sommet est en forme de dôme élargi mesurant entre 10 et 30 cm de diamètre. Tissus vivants restreints aux portions supérieures des colonnes ; base des colonnes nécrosée, souvent colonisée par des algues ou montrant des traces de bioérosion. Surface des colonies généralement lisse. Polypiérites saillants de forme circulaire, mesurant entre 2,1 et 2,6 mm de diamètre, agencés selon le type plocoïde et espacés régulièrement. Septes fins disposés en 3 cycles ; ceux des deux premiers cycles fusionnent avec la columelle trabéculaire compacte.

COULEUR

Variable, gris, brun ou vert.

HABITAT

Espèce rencontrée depuis la surface jusqu'à 110 m de profondeur maximale, mais plus commune entre 3 et 30 m de fond. Espèce sans préférence écologique nette, observable dans tous les types d'habitats récifaux.

DISTRIBUTION

Espèce commune à abondante, présente dans toute l'aire de répartition géographique couverte par ce guide.

Orbicella annularis : les colonies peuvent recouvrir de grandes surfaces.

Orbicella annularis : à gauche, la base des colonnes est dépourvue de tissus vivants ; à droite, détail des polypiérites, © iStockphoto.com/Damocean.

Orbicella faveolata : aspect d'une colonie.
Thomas Menut

Corail étoilé montagneux

***Orbicella faveolata* (Ellis & Solander, 1786)**

EN

CARACTÈRES DISTINCTIFS

Colonies de forme généralement encroûtante, constituant de grandes plaques dont la surface porte fréquemment des excroissances en forme de cônes distribuées en rangées verticales. Polypiérites de forme circulaire, compacts, mesurant entre 2,1 et 2,6 mm de diamètre, agencés selon le type plocoïde et distribués de façon uniforme. Septes fins et saillants disposés en trois cycles. Septes des deux premiers cycles fusionnant avec la columelle trabéculaire compacte souvent bien développée. Cœnosteum peu développé.

COULEUR

Variable, gris, brun à vert. Disques oraux des polypes verts contrastant avec le reste de la colonie brunâtre.

HABITAT

Espèce rencontrée depuis la surface jusqu'à 41 m de profondeur, dans tous les types d'habitats récifaux. Espèce également présente au niveau des mangroves.

DISTRIBUTION

Espèce commune à abondante, présente dans toute l'aire de répartition géographique couverte par ce guide.

Orbicella faveolata : en haut et à droite, les colonies constituent de grandes plaques dont la surface porte fréquemment des excroissances en forme de cônes distribuées en rangées verticales.

Orbicella faveolata : autre aspect des colonies.

Orbicella franksi : aspect d'une colonie.

Corail étoilé en bloc

***Orbicella franksi* (Gregory, 1895)**

VU

CARACTÈRES DISTINCTIFS

Colonies généralement de forme massive, dont la surface est irrégulière. Diamètre des polypiérites compris entre 2,4 et 3,4 mm. Polypiérites plus grands et plus variables en taille que ceux de *O. annularis* et *O. faveolata*, saillants et distribués de façon irrégulière. Septes épais disposés en trois cycles. Septes des deux premiers cycles fusionnant avec la columelle trabéculaire compacte. Cœnosteum bien développé.

COULEUR

Variable, gris, brun à vert. Disques oraux des polypes de couleur généralement différente de celle du reste de la colonie. Souvent, à la surface des colonies, on observe des zones blanchâtres dépourvues de zooxanthelles.

HABITAT

Espèce rencontrée entre 5 et 50 m de profondeur dans tous les types d'habitats récifaux. Espèce également présente au niveau des mangroves. Généralement, cette espèce est distribuée plus profondément que *O. annularis* et *O. faveolata*.

DISTRIBUTION

Espèce commune à abondante, présente dans toute l'aire de l'aire de répartition géographique couverte par ce guide, ainsi qu'aux Bermudes.

CONSIDÉRATIONS TAXONOMIQUES

Les espèces du genre *Orbicella* étaient, avant l'avènement des techniques de biologie moléculaire, regroupées dans le genre *Montastraea*. Les trois espèces du genre *Orbicella* rencontrées dans les Caraïbes, connues sous l'appellation du complexe d'espèces *Orbicella annularis* (Knowlton *et al.*, 1992 ; Weil & Knowlton, 1994) ont été à l'origine de très nombreuses études visant à décrire les variations morphologique, génétique, reproductive et physiologique entre elles (Knowlton *et al.*, 1992 ; van Veghel & Bak, 1993, 1994 ; van Veghel, 1994 ; van Veghel & Kahmann, 1994 ; Weil & Knowlton, 1994 ; van Veghel & Bosscher, 1995 ; van Veghel *et al.*, 1996 ; Lopez & Knowlton, 1997 ; Szmant *et al.*, 1997 ; Lopez *et al.*, 1999 ; Medina *et al.*, 1999 ; Manica & Carter, 2000 ; Knowlton & Budd, 2001 ; Levitan *et al.*, 2004, 2011 ; Fukami *et al.*, 2004a ; Fukami et Knowlton, 2005). En effet, *O. annularis* a été longtemps considéré comme la seule espèce du genre, présentant, selon les conditions du milieu, et notamment de l'éclairement, trois morphotypes différents : *O. annularis* forme *annularis*, *O. annularis* forme *faveolata* et *O. annularis* forme *franksi*. Actuellement, on dispose d'un faisceau de preuves (comportement agressif, écologie, taux de croissance, traits d'histoire de vie, morphométrie des polypiérites et isotopes stables) indiquant que, dans le sud des Caraïbes (Panama, Curaçao), trois espèces distinctes coexistent, bien qu'il n'existe pas d'outil génétique non ambigu permettant de distinguer *O. annularis* et *O. franksi*.

Dans le nord des Caraïbes, la différenciation des différents taxons est beaucoup plus complexe, et il existe de nombreuses formes difficiles à classer. En général, les données d'ordre génétique et morphologique suggèrent l'existence d'un gradient d'hybridation nord-sud avec introgression plus forte dans le Nord que dans le Sud de l'aire de répartition géographique des différentes espèces du complexe d'espèces *Orbicella annularis*.

Orbicella franksi : les colonies sont de forme massive, avec une surface irrégulière et des polypiérites saillants.

Sous-ordre *Vacatina* Okubo, 2016
Famille des *Montastraeidae* Yabe & Sugiyama, 1941

Voir la description de *Montastraea cavernosa*.

Sur la base de données moléculaires (Budd *et al.*, 2012), la famille des *Montastraeidae* ne comprend qu'une seule espèce, *Montastraea cavernosa*, qui n'est présente que dans l'océan Atlantique tropical.

GENRE *MONTASTRAEA* BLAINVILLE, 1830

Montastraea cavernosa est présent dans les Caraïbes, mais également aux Bermudes et le long des côtes tropicales du Brésil et d'Afrique occidentale.

Montastraea cavernosa: aspect d'une colonie.

Grand corail étoilé

Montastraea cavernosa (Linnæus, 1767)

LC

CARACTÈRES DISTINCTIFS

Grandes colonies de forme massive, pouvant mesurer plus de 2,5 m de diamètre et constituant, en général, près de la surface, des dômes ou des colonnes et, en profondeur, de grandes plaques encroûtantes. Bourgeonnement des polypes de type extra-tentaculaire. Polypiérites protubérants, le plus souvent de forme conique, mesurant entre 4 et 15 mm de diamètre et agencés selon le type plocoïde. Cœnosteum modérément développé (< diamètre des polypiérites). Généralement quatre cycles de septes, parfois plus. Septes des trois premiers cycles fusionnés avec la columelle spongieuse bien développée (≥ ¼ de la largeur du calice). Septes d'épaisseur inégale. Plus de six dents par septe. Pointe des dents septales régulière. Présence de granules dispersés sur les faces latérales des septes. Tentacules des polypes épanouis la nuit et occasionnellement le jour.

COULEUR

Variable, le plus souvent brun à vert, mais parfois grisâtre. En lumière naturelle et en profondeur, les polypes absorbent la lumière bleue ambiante et, par un phénomène de fluorescence, paraissent rougeâtres ou orangés. Ce phénomène disparaît dès lors que l'on éclaire les colonies avec un phare ou un flash.

HABITAT

Espèce rencontrée entre la surface et une centaine de mètres de profondeur (profondeur maximale 113 m, observation réalisée en submersible le long d'une falaise sous-marine aux Bahamas), mais plus commune entre 10 et 60 m de fond. Espèce présente dans tous les compartiments récifaux, mais affectionnant tout particulièrement les tombants. C'est souvent l'espèce dominante entre 12 et 30 m de profondeur. Espèce également présente au niveau des mangroves.

DISTRIBUTION

Espèce commune à abondante, présente dans toute l'aire de répartition géographique couverte par ce guide, mais également aux Bermudes et le long des côtes tropicales du Brésil et d'Afrique occidentale.

Montastraea cavernosa : colonie en dôme, près de la surface.

Montastraea cavernosa : polypes épanouis. Remarquez les polypiérites protubérants le plus souvent de forme conique.

Denis Ader

Paysage à *Montastraea cavernosa* aux Caraïbes.

© iStockphoto.com/Damocean

Montastraea cavernosa : plus en profondeur, l'espèce forme des plaques encroûtantes.

Sous-ordre *Vacatina* Okubo, 2016
Famille des *Mussidae* Ortmann, 1890

Coraux solitaires ou coloniaux fixés avec des zooxanthelles.
Colonies massives, branchues, ou en forme de colonne d'apparence charnue.
Bourgeonnement intra-tentaculaire.
Polypiérites généralement de grande taille et hauts en relief.
Agencement des polypiérites de type cérioïde, subcérioïde (murailles des polypiérites adjacents pas complètement anastomosées mais séparée par un cœnosteum peu abondant), plocoïde, méandroïde, phacéloïde ou flabello-méandroïde.
Bord libre des septes ornés de dents disposées de façon régulière.
Dents septales de forme et taille comparables au niveau des différents cycles de septes à l'exception de *Scolymia lacera*.
Faces latérales des septes ornées d'éléments alignés très fins les granules en cônes.
Columelle trabéculaire constituée d'éléments squelettiques en forme de petites tiges plus ou moins entremêlées (trabécules).
Centres calicinaux réunis grâce à des liaisons trabéculaires ou lamellaires.
Tentacules des polypes épanouis uniquement la nuit.

L'utilisation des techniques de la biologie moléculaire a complètement révolutionné la systématique des Scléractiniaires traditionnellement regroupés dans la famille des Mussidés. Il a ainsi été démontré que les Mussidés de l'Indo-Pacifique et ceux de l'Atlantique appartiennent à deux clades distincts (Fukami *et al.*, 2008). Comme le genre *Mussa*, qui est présent dans l'océan Atlantique tropical, est le genre type ayant servi à décrire la famille des Mussidés, les coraux présents dans l'Indo-Pacifique devraient être rattachés à une autre famille. En attendant la publication d'une révision taxonomique formelle de ce groupe, certains auteurs ont proposé de regrouper les espèces présentes dans l'Indo-Pacifique au sein de la famille des Lobophylliidés (Dai & Horng, 2009b ; Arrigoni *et al.*, 2014a). À l'heure actuelle, la famille des Mussidés renferme les espèces traditionnellement classées dans cette famille, mais provenant uniquement de l'océan Atlantique tropical ainsi qu'une grande partie des espèces présentes dans ce même océan et classés habituellement dans la famille des Faviidés (voir plus loin).

Étant donné que les caractères macromorphologiques (mode de bourgeonnement, forme des colonies, taille et forme des polypiérites, nombre de cycles de septes) ne permettent pas de distinguer les différents clades identifiés avec les données moléculaires, de nouveaux caractères morphologiques permettant de différencier ces clades ont été recherchés (Budd et Stolarski, 2009 ; Budd *et al.*, 2012). Ces critères reposent sur l'étude de la micromorphologie (forme et distribution des dents et des granules ornant les septes) et de la microstructure (mode de calcification) du squelette. Ces caractères ne sont malheureusement pas observables à l'œil nu et nécessitent un examen microscopique ainsi que l'étude de sections transversales fines de polypiérites et ne seront donc pas détaillés dans ce guide destiné à être utilisé sur le terrain.

Les taxons actuellement retenus dans la famille des Mussidés sont morphologiquement variés en ce qui concerne la taille et la forme du squelette et des polypiérites.

La famille des Mussidés est représentée par deux sous-familles dans les Caraïbes. Cette famille comprend neuf genres (*Colpophyllia*, *Diploria*, *Favia*, *Isophyllia*, *Manicina*, *Mussa*, *Mycetophyllia*, *Pseudodiploria*, *Scolymia*) dans les Caraïbes.

SOUS-FAMILLE DES *FAVIINAE* MILNE EDWARDS & HAIME, 1857

La famille des *Faviidae* était traditionnellement considérée comme groupant un nombre important de genres différents (une vingtaine) rencontrés à la fois dans l'Atlantique et l'Indo-Pacifique. Grâce à l'utilisation des techniques de biologie moléculaire et à l'étude fine des éléments squelettiques, on s'est rendu compte que la famille des Faviidés n'est pas monophylétique (Fukami *et al.*, 2008; Budd et Stolarski, 2011) mais qu'elle comprend plusieurs clades. Une grande partie des espèces provenant de l'océan Atlantique tropical traditionnellement classées dans la famille des *Faviidae* se regroupent dorénavant dans la famille des Mussidés alors que celles provenant de l'Indo-Pacifique se rattachent à la famille des Merulinidés. Étant donné que *Favia fragum* est l'espèce type ayant servi à décrire le genre *Favia* et qu'elle est présente dans l'océan Atlantique tropical, les espèces traditionnellement rangées dans la famille des *Faviidae* provenant de cet océan ont été classées dans la sous-famille des Faviinés au sein de la famille des Mussidés.

Coraux coloniaux fixés avec des zooxanthelles. Bourgeonnement de type intra-tentaculaire. Colonies de forme encroûtante ou massive en forme de dôme. Agencement des polypiérites de type plocoïde, méandroïde ou phacéloïde. Murailles et septes le plus souvent bien développés. Columelle trabéculaire compacte (constituée d'un à trois éléments squelettiques) ou spongieuse (constituée de plus de trois éléments squelettiques). Centres calicinaux réunis grâce à des liaisons trabéculaires ou lamellaires. Bord libre des septes ornés de dents régulières rapprochées (<1 mm). Faces latérales des septes ornées de granules alignés bien développés. Présence généralement de lobes paliformes. Tentacules des polypes généralement épanouis uniquement la nuit.

Cette sous-famille est, dans les Caraïbes, représentée par les genres suivants :

Colpophyllia Milne Edwards & Haime, 1848

Ce genre comporte une seule espèce, *Colpophyllia natans*, présente dans les Caraïbes.

Diploria Milne Edwards & Haime, 1848

Ce genre est représenté par une unique espèce, *Diploria labyrinthiformis*, présente dans les Caraïbes ainsi qu'aux Bermudes.

Favia De Blainville, 1820

Les Scléractiniaires du genre *Favia* sont localisés uniquement dans l'océan Atlantique tropical. Une seule espèce, *Favia fragum* est présente dans les Caraïbes, mais également aux Bermudes et le long des côtes tropicales de l'Afrique occidentale.

Colonies typiquement de forme massive. Polypiérites de forme circulaire à ovale, agencés selon le type plocoïde. Calices de petite taille (< 4 mm). Présence de trois cycles de septes ou plus. Dents septales différant légèrement de taille selon les cycles. Columelle trabéculaire compacte (constituée de 1 à 3 éléments squelettiques). Tentacules épanouis uniquement la nuit et dont la pointe est généralement colorée.

Manicina Ehrenberg, 1834

Ce genre ne comprend qu'une seule espèce polymorphe, *Manicia areolata*, présente dans les Caraïbes.

Pseudodiploria Fukami, Budd & Knowlton, 2012

Le genre *Diploria* vient récemment d'être scindé en deux genres distincts (*Diploria* et *Pseudodiploria*, voir p. 155) en se basant sur des données d'ordre moléculaire et microstructurales (Budd *et al.*, 2012). Les coraux du genre *Pseudodiploria* sont présents dans les Caraïbes ainsi qu'aux Bermudes. Deux espèces sont observables dans les Caraïbes, *P. clivosa* et *P. strigosa*.

Colonies massives en forme de dôme. Agencement des polypiérites de type méandroïde, avec une seule rangée de centres calicinaux par vallée (disposition unisériée). Vallées de largeur moyenne (3,5-9 mm), généralement longues et ramifiées. Cette configuration est à l'origine des noms vernaculaires « corail-cerveau » ou « cerveau de Neptune » donnés à ces espèces. La couleur des vallées contraste avec celle du reste de la colonie. Présence ou absence d'une fine rainure parcourant le sommet des collines. Lobes paliformes peu développés ou absents. Columelle généralement bien développée, spongieuse et continue. Tentacules des polypes épanouis uniquement de nuit. Bord libre des septes orné de dents pointues. Faces latérales des septes ornées de granules alignés de forme conique. Dents septales de taille identique au niveau des différents cycles de septes.

SOUS-FAMILLE DES *MUSSINAE* ORTMANN, 1890

La sous-famille des *Mussinae* regroupe les espèces provenant de l'océan Atlantique tropical et traditionnellement classées dans la famille des Mussidés.

Coraux solitaires ou coloniaux fixés avec zooxanthelles. Bourgeonnement de type intra-tentaculaire. Agencement des polypiérites de type cérioïde, subcérioïde (murailles des polypiérites adjacents pas complètement anastomosées mais séparées par un cœnosteum peu abondant), méandroïde ou phacéloïde. Polypiérites de taille moyenne à grande, haut en relief (>6 mm). Septes fortement espacés (<6 septes/ 5 mm). Columelle trabéculaire constituée d'éléments squelettiques en forme de petites tiges plus ou moins entremêlées (trabécules). Centres calicinaux réunis grâce à des liaisons trabéculaires ou lamellaires. Bord libre des septes ornés de grandes dents (>0,6 mm) de contour circulaire, fortement espacées (1-2 mm) et disposées de façon régulière. Dents septales de forme identique au niveau des différents cycles de septes à l'exception de *Scolymia lacera*. Faces latérales des septes ornées d'éléments alignés très fins les granules en forme de cônes. Tentacules des polypes épanouis uniquement la nuit.

La sous-famille des Mussinés est, dans les Caraïbes, représentée par les genres suivants :

Isophyllia Milne Edwards & Haime, 1851

Deux espèces du genre *Isophyllia* sont présentes dans les Caraïbes : *I. rigida* et *I. sinuosa* ; ce dernier est également présent aux Bermudes.

Colonies d'aspect charnu, de forme massive. Bourgeonnement intra-tentaculaire initialement circum-oral (bourgeonnement autour d'un polypiérite parental central). Agencement des polypiérites de type subcérioïde (*I. rigida*) à méandroïde avec des vallées courtes contenant moins de cinq centres calicinaux disposés en une seule rangée (disposition unisériée). Polypiérites de taille moyenne (diamètre compris entre 2,5 et 5 cm), hauts en relief (> 6 mm). Trois ou plus de trois cycles de septes fins, égaux. Bord libre des septes ornés de grandes dents (> 0,6 mm) fortement espacées (1-2 mm) et disposées de façon régulière. Dents septales des différents cycles de septes de forme identique. Faces latérales des septes ornées de granules pointus alignés. Columelle trabéculaire compacte (constituée de 1 à 3 éléments squelettiques) peu développée. Centres calicinaux réunis grâce à des liaisons trabéculaires.

Mussa Oken, 1815

Ce genre ne comprend qu'une seule espèce *Mussa angulosa* présente uniquement dans les Caraïbes.

Mycetophyllia Milne Edwards & Haime, 1848

Cinq espèces de *Mycetophyllia* sont observables dans les Caraïbes : *M. aliciae*, *M. danaana*, *M. ferox*, *M. lamarckiana* et *M. reesi*. *M. ferox* est classé comme espèce vulnérable selon les critères définis par la liste rouge de l'UICN car ses populations ont diminué de l'ordre de 38 % pendant les 30 dernières années. Par ailleurs, *M. aliciae*, *M. danaana*, *M. ferox* et *M. lamarckiana* font l'objet d'un arrêté en Guadeloupe, en Martinique et à Saint-Martin fixant les modalités de leur protection (voir annexe p. 220).

Colonies laminaires sous forme de plaques. Bourgeonnement intra-tentaculaire et/ou circum-oral (bourgeonnement autour d'un polypiérite parental central). Présence de polypiérites uniquement au niveau de la face supérieure (disposition unifaciale). Polypiérites agencés selon le type méandroïde avec et sans vallée. Vallées radiantes depuis le centre de la colonie chez les formes juvéniles, mais pouvant devenir irrégulières et sinueuses chez les grandes colonies. Collines continues ou discontinues en général peu élevées. Vallées de largeur et de profondeur variable, pouvant renfermer une (disposition unisériée) ou plusieurs (disposition multisériée) rangées de centres calicinaux selon les espèces. Septes saillants, en moins de trois cycles de taille identique. Bord libre des septes ornés de grandes dents (>0,6 mm) très espacées (1-2 mm) et disposées de façon régulière. Dents septales des différents cycles de septes de forme identique. Faces latérales des septes ornées de fins granules pointus alignés. Présence de lobes paliformes. Columelle peu développée ou absente. Centres calicinaux réunis par des liaisons lamellaires. Tentacules petits ou apparemment absents, excepté sur les bords de la colonie.

Scolymia Haime, 1852

Les données moléculaires (Fukami *et al.*, 2004b) montrent que les Scléractiniaires du genre *Scolymia* sont uniquement présents dans la partie occidentale de l'océan Atlantique tropical. La taxonomie des coraux appartenant à ce genre est complexe et tous les auteurs ne sont pas d'accord sur le nombre d'espèces présentes dans les Caraïbes, parfois même sur leur appartenance réelle au genre *Scolymia* (voir la partie considérations taxonomiques, p. 173). Pour certains auteurs, il n'y aurait qu'une seule espèce, *S. cubensis* (Milne-Edwards & Haime, 1848), présente dans les Caraïbes, montrant une forte plasticité phénotypique. Pour d'autres auteurs, il pourrait y avoir jusqu'à trois espèces différentes (*S. cubensis*, *S. lacera* (Pallas, 1766) et *S. wellsii* Laborel, 1967)

Espèces généralement solitaires, exceptionnellement coloniales (bourgeonnement intra-tentaculaire) sessiles. Grands polypiérites (> 4 cm) de forme circulaire à ovoïde contenant de nombreux septes arrangés en quatre cycles complets, 5e cycle le plus souvent complet et parfois présence d'un 6e cycle incomplet. Septes inégaux. Septes primaires de grande taille et ornés de grandes dents. Sur le bord du calice se dressent des dents fortes et aiguës, inclinées vers l'extérieur et marquant les limites côtes-septes. Côtes bien développées épineuses. Bord libre des septes ornés de grandes dents pointues (> 0,6 mm) fortement espacées (1-2 mm) et disposées de façon régulière. Dents septales des cycles majeurs et mineurs de septes de taille différente. Faces latérales des septes ornées de nombreux granules alignés de forme conique. Columelle spongieuse bien développée. Pour les formes coloniales, centres calicinaux réunis par des liaisons lamellaires. Tentacules des polypes épanouis uniquement la nuit.

Colpophyllia natans : les colonies constituent des croûtes épaisses ou des dômes.

Denis Ader

Corail-cerveau Natan

Colpophyllia natans **(Houttuyn, 1772)**

LC

CARACTÈRES DISTINCTIFS

Colonies encroûtantes constituant de grandes plaques, ou massives en forme de dôme, pouvant mesurer plus de 2 m de diamètre. Agencement des polypiérites de type méandroïde avec une seule rangée de centres calicinaux par vallée (disposition unisériée). Vallées souvent longues, larges (1,5 à 4 cm de largeur), profondes (10 à 12 mm de profondeur), sinueuses, ouvertes, s'interconnectant, contenant généralement plusieurs centres calicinaux, mais pouvant devenir courtes et fermées et ne contenir qu'un nombre restreint de centres calicinaux (un à trois). Fine rainure parcourant le sommet arrondi des collines. Septes légèrement protubérants, égaux, munis de lobes paliformes bien développés. Bord libre des septes ornés de petites dents. Faces latérales des septes ornées de granules alignés. Columelle trabéculaire compacte, peu développée, parfois absente. Centres calicinaux réunis grâce à des liaisons lamellaires. Tentacules des polypes épanouis uniquement la nuit.

COULEUR

Collines gris-beige ou brunes, vallées vertes ou violettes.

HABITAT

Espèce rencontrée sur les récifs entre 0,5 m et 55 m de profondeur, mais plus commune entre 5 et 20 m

Colpophyllia natans : en haut, à gauche, détail de la surface de la colonie montrant l'agencement méandroïde des polypiérites et la fine rainure parcourant le sommet arrondi des collines ; en haut, à droite, détail de la surface de la colonie de la forme *breviserialis*, montrant les vallées courtes contenant moins de cinq centres calicinaux ; en bas, à gauche, collines et vallées ont souvent des couleurs contrastées ; en bas, à droite, la forme *amaranthus* se caractérise par des colonies de taille moins importante présentant des vallées discontinues et profondes.

En bas, à droite, Emma Hickerson

de fond. On la trouve en abondance au niveau de la pente externe des récifs. Espèce également présente dans les mangroves.

DISTRIBUTION

Espèce commune, présente dans toute l'aire de répartition géographique couverte par ce guide.

CONSIDÉRATIONS TAXONOMIQUES

En se basant sur la longueur et la profondeur des vallées ainsi que sur le nombre de septes par centimètre, certains auteurs (Cairns *et al.*, 1999 ; Budd *et al.*, 2012) reconnaissent l'existence de plusieurs espèces appartenant au genre *Colpophyllia*. Ainsi, les colonies dont les vallées comprennent moins de cinq centres calicinaux sont parfois considérées comme une espèce distincte, *C. breviserialis* Milne Edwards & Haime, 1849. Une troisième espèce, *C. amaranthus* (Houttuyn, 1772) serait caractérisée par des colonies plus petites et pédonculées, avec des vallées discontinues et profondes (jusqu'à 30 mm), ainsi que dix à douze septes/cm contre uniquement huit à neuf septes/cm chez *C. natans*. On pense aujourd'hui (Zlatarsky et Martinez-Estalella, 1982 ; Veron, 2000) qu'il s'agit de variations morphologiques (morphotypes ou écotypes) de *C. natans*, nommées respectivement *C. natans* forme *breviserialis* (Milne Edwards & Haime, 1849), et *C. natans* forme *amaranthus* (O. F. Müller, 1775).

Diploria labyrinthiformis : colonies en dômes.

Corail-cerveau de Neptune

Diploria labyrinthiformis **(Linnæus, 1758)**

LC

CARACTÈRES DISTINCTIFS

Grandes colonies constituant des croûtes épaisses ou en forme de dôme, pouvant mesurer plus de 1 m de diamètre. Polypiérites agencés selon le type méandroïde, avec une seule rangée de centres calicinaux par vallée (disposition unisériée). Longues vallées sinueuses, continues, étroites (5 à 8 mm de largeur) et profondes (environ 5 mm de profondeur), dont les méandres évoquent un labyrinthe. Collines plus larges que les vallées (largeur pouvant dépasser 2 cm), avec une dépression centrale de largeur variable, parfois supérieure à celle des vallées, donnant l'impression qu'il existe deux types différents de vallées. Septes saillants, dont la plupart fusionnent avec la columelle trabéculaire par l'intermédiaire de petits lobes paliformes. Centres calicinaux réunis grâce à des liaisons trabéculaires. Tentacules des polypes souvent visibles de jour dans le fond des vallées.

COULEUR

Beige clair, jaune ou gris brunâtre. Les vallées sont souvent plus claires ou plus sombres que les collines.

HABITAT

Espèce rencontrée depuis la surface jusqu'à 110 m de profondeur maximale, mais plus commune entre 2 et 15 m de fond au niveau des pentes externes des récifs.

Diploria labyrinthiformis : détail de la surface de la colonie montrant l'agencement méandroïde des polypiérites et les tentacules des polypes visibles de jour dans le fond des vallées.

Thomas Menut

DISTRIBUTION

Espèce occasionnelle à commune, rencontrée dans toute l'aire de répartition géographique couverte par ce guide, mais également aux Bermudes.

Diploria labyrinthiformis : les colonies constituent des croûtes épaisses (en haut) ou ont une forme de dôme (en bas, à droite et photo p. 146), et sont caractérisées par des vallées continues, longues, étroites, profondes et sinueuses et de larges collines avec une dépression centrale (en bas, à gauche).

Favia fragum : aspect d'une colonie.

Corail balle de golf

Favia fragum **(Esper, 1795)**

LC

CARACTÈRES DISTINCTIFS

Petites colonies encroûtantes ou massives, en forme de petit dôme mesurant généralement moins de 5 cm de diamètre. Polypiérites proéminents, de forme le plus souvent ovale, à longueur comprise entre 4 et 6,5 mm, et agencés généralement selon le type plocoïde, fortement espacés, mais parfois également selon le type méandroïde, avec des vallées très courtes pouvant contenir plusieurs centres calicinaux. Les formes encroûtantes rencontrées en milieu intertidal peuvent être subméandroïdes. Les formes massives disposant de suffisamment d'espace pour croître développent des polypiérites tubulaires. Septes saillants disposés en quatre cycles presque complets. Présence de lobes paliformes parfois bien développés. Bord libre des septes orné de petites dents, espacées régulièrement. Faces latérales des septes ornées de granules alignés bien développés.

COULEUR

Jaune clair à orange brunâtre, les polypes transparents laissent apparaître les septes blancs.

HABITAT

Espèce rencontrée principalement à faible profondeur, depuis les flaques qui découvrent à marée basse jusqu'à une dizaine de mètres, mais encore observable jusqu'à 40 m de profondeur maximale. Espèce colonisant les substrats durs, les coraux morts, les racines de palétuviers et présente parfois

Favia fragum : les colonies de petite taille sont encroûtantes ou se présentent sous l'aspect d'un petit dôme mesurant généralement moins de 5 cm de diamètre. Les polypiérites agencés généralement selon le type plocoïde sont le plus souvent proéminents.

dans les herbiers à *Thalassia testudinum* (herbe à tortue). Elle peut parfois complètement encroûter de petits objets et se présenter sous une forme de sphère libre, d'où son nom vernaculaire. Espèce opportuniste faisant partie des premières espèces de Scléractiniaires à coloniser les substrats récents (épaves ou autres). Dans la région de Bocas del Toro, sur la côte atlantique panaméenne, la forme à polypiérites peu élevés et à polypes agencés selon le type plocoïde, appelée phénotype *short* (« court »), est observée à la fois sur les récifs coralliens et dans les herbiers de phanérogames : elle constitue de petites colonies massives mesurant au maximum 5 cm de diamètre. La forme à polypiérites élevés et à polypes agencés selon le type méandroïde, encore appelé phénotype *tall* (« grand »), constitue de petites colonies hémisphériques parfois encroûtantes mesurant au maximum 3 cm de diamètre : elle occupe uniquement les herbiers à phanérogames. Bien que les deux formes soient présentes au niveau des herbiers à phanérogames, la forme « short » est plus abondante à 3 m de profondeur, tandis que la forme « tall » est observée uniquement à moins de 1 m de profondeur. La distribution bathymétrique des deux formes ne se chevauche qu'à la profondeur de 1 m.

DISTRIBUTION

Espèce relativement commune présente dans toute l'aire de distribution géographique couverte par ce guide, mais également aux Bermudes et le long des côtes tropicales d'Afrique occidentale et des îles du Cap-Vert.

CONSIDÉRATIONS TAXONOMIQUES

Une espèce endémique des côtes tropicales du Brésil (Laborel, 1967, 1969a) et d'Afrique occidentale (Laborel, 1974), *Favia gravida* Verrill, 1868, se distingue de *F. fragum* par l'aspect des colonies plus méandriformes ; néanmoins, les caractéristiques du squelette des deux espèces étant identiques, certains auteurs ont pensé qu'il s'agissait de la même espèce. Une étude moléculaire récente (Nunes *et al.*, 2008) a confirmé que les deux espèces sont bien génétiquement distinctes. *F. gravida* diffère de *F. fragum* par ses septes plus nombreux (quatre cycles complets de septes) par l'élévation de ses polypiérites plus importante et ses dents septales plus grandes et plus espacées.

Attention à ne pas confondre *F. fragum* avec les stades juvéniles de *Dichocoenia stokesii* : les colonies sont plus petites et les polypiérites sont beaucoup moins saillants chez *Favia fragum*.

Manicina areolata f. *areolata* : cette forme libre ne comprend qu'une seule large vallée centrale continue et plusieurs vallées latérales courtes.
Thomas Menut

Rose de corail

Manicina areolata **(Linnæus, 1758)**

LC

CARACTÈRES DISTINCTIFS

Espèce polymorphe, présentant selon les conditions du milieu deux formes (morphotypes ou écotypes). Agencement des polypiérites de type méandroïde avec une seule rangée de centres calicinaux (disposition unisériée). La **forme** ***areolata*** (Linnæus, 1758) est libre : elle est de petite taille, mesure rarement plus de 15 cm de longueur, elle ne comprend qu'une seule large vallée centrale continue et plusieurs vallées latérales courtes et elle porte généralement un court pédoncule en forme de cône en position centrale sur la face inférieure. La **forme** ***mayori*** Wells, 1936 est sessile, elle constitue des colonies massives en forme de dôme de grande taille (jusqu'à 30 cm de diamètre), avec de nombreuses vallées sinueuses discontinues, et est dépourvue de pédoncule. Dans les deux cas une fine rainure parcourt le sommet des collines. Centres calicinaux indistincts, columelle spongieuse bien développée continue. Septes denticulés épais et disposés régulièrement. Lobes paliformes larges et arrondis. Faces latérales des septes ornées de granules alignés en forme de cône. Très souvent, les colonies juvéniles forment de petits disques de contour circulaire à ovale que l'on peut confondre avec les espèces solitaires du genre *Scolymia*.

COULEUR

Variable, vert, marron orangé, brun, bleu, jaune, blanc ou gris. Souvent, les couleurs des vallées et

Manicina areolata : en haut, à gauche et à droite, la forme *mayori*, sessile, constitue des colonies massives en forme de dôme avec de nombreuses vallées sinueuses discontinues ; en bas, à gauche, squelette d'une colonie de *Manicina areolata* f. *areolata* montrant la présence d'une unique vallée centrale et de plusieurs vallées latérales ; à droite, vue rapprochée montrant la présence d'une fine rainure au sommet des collines, la columelle spongieuse bien développée et continue, les septes épais et la présence de larges lobes paliformes.

En haut, à gauche, Thomas Menut

des collines sont contrastées avec des lignes et des bandes de différentes couleurs régulières.

HABITAT

La forme *areolata*, libre, se rencontre entre la surface et 43 m de profondeur maximale, mais elle est plus commune entre 2 et 25 m de fond. Elle est observée dans les habitats instables riches en matière organique comme les zones peu profondes des récifs parmi les débris coralliens, les zones sableuses, les herbiers de phanérogames marines à *Thalassia testudinum* (herbe à tortue) ou bien encore parmi les communautés de Scléractiniaires associées aux mangroves. Elle est capable de se désensabler ou de se remettre à l'endroit si elle est renversée. Sur les substrats meubles, elle est fréquemment associée avec *Meandrina danae* et constitue alors des assemblages de formes libres. La forme *mayori*, fixée, est observée généralement au niveau des récifs à faible profondeur parmi les autres coraux, depuis la surface jusqu'à 65 m de profondeur maximale, mais elle est plus commune entre 7 et 30 m de fond.

DISTRIBUTION

Espèce généralement peu commune, présente dans toute l'aire de répartition géographique couverte par ce guide.

CONSIDÉRATIONS TAXONOMIQUES

Certains auteurs (Matthai, 1928 ; Wells, 1936) considèrent la forme *mayori* comme une espèce distincte, *Manicina mayori* Wells, 1936, mais il s'agit plus vraisemblablement d'une forme (morphotype ou écotype) de *Manicina areolata*.

Pseudodiploria clivosa : les colonies de grande taille ont l'aspect d'une croûte épaisse dont la surface présente de grosses excroissances irrégulières. Les collines, minces et abruptes, délimitent des vallées sinueuses près du centre de la colonie, mais perdant leur sinuosité à proximité du bord externe de la colonie.

Corail-cerveau bosselé

Pseudodiploria clivosa **(Ellis et Solander, 1786)**

LC

CARACTÈRES DISTINCTIFS

Grandes colonies encroûtantes à massives, en forme de dôme, pouvant mesurer plus de 1 m de diamètre avec souvent de grosses excroissances irrégulières. Polypiérites agencés selon le type méandroïde. Collines abruptes étroites de largeur comprise entre 1 et 1,5 mm. Sommet des collines dépourvu de rainure. Vallées sinueuses près du centre de la colonie, mais perdant leur sinuosité à proximité du bord externe de la colonie. Vallées beaucoup plus larges (3,5 à 6 mm de largeur) que les collines et profondes de 2 à 4 mm. Alternance de septes larges et étroits. Septes principaux ornés de lobes paliformes. Columelle spongieuse continue.

COULEUR

Variable, jaune brunâtre, marron, vert, gris bleuâtre. Souvent les vallées sont de couleur plus claire que les collines.

HABITAT

Espèce rencontrée depuis la surface jusqu'à 40 m de profondeur maximale, mais plus commune entre 1 et 6 m de profondeur où on peut l'observer au niveau des fonds de lagons abrités, dans les herbiers de phanérogames marines à *Thalassia testudinum* (herbe à tortue) et même parfois fixée aux racines de palétuviers.

Pseudodiploria clivosa : détail d'une colonie.

DISTRIBUTION

Espèce occasionnelle à commune, rencontrée dans toute l'aire de répartition géographique couverte par ce guide.

Pseudodiploria strigosa : les colonies de grande taille constituent des plaques épaisses.
Denis Ader

Corail-cerveau symétrique

Pseudodiploria strigosa **(Dana, 1846)**

LC

CARACTÈRES DISTINCTIFS

Grandes colonies encroûtantes constituant des plaques aux bords arrondis ou massives, en forme de dôme pouvant mesurer plus de 1,5 m de diamètre. Surface des colonies régulière. Polypiérites agencés selon le type méandroïde. Vallées continues, longues et sinueuses, souvent interconnectées, de largeur comprise entre 6 et 9 mm et profondes de 5 mm. Collines arrondies presque aussi larges (environ 5 mm de largeur) que les vallées et au sommet est parfois pourvu d'une fine rainure. Septes saillants, la plupart fusionnés avec la columelle spongieuse bien développée par l'intermédiaire de lobes paliformes.

COULEUR

Brun verdâtre. Les couleurs des vallées et des collines sont souvent contrastées.

HABITAT

Espèce rencontrée depuis la surface jusqu'à 47 m de profondeur, mais plus commune entre 2 et 15 m profondeur où on peut l'observer un peu partout sur les récifs et plus particulièrement au niveau des fonds de lagons abrités, dans les herbiers de phanérogames marines à *Thalassia testudinum* (herbe à tortue), et même parfois fixée sur de vieilles racines de palétuviers.

Pseudodiploria strigosa : les colonies de grande taille sont caractérisées par des vallées continues, longues et sinueuses et des collines arrondies presque aussi larges que les vallées (en haut, à gauche) ; en haut, à droite, vue de détail de la surface de la colonie montrant les vallées et les collines de largeur comparable et dont le sommet est parcouru par une fine rainure ; en bas, l'annélide polychète *Spirobranchus giganteus* (ver arbre de Noël) vit souvent en association avec *P. strigosa*.

En haut, à gauche et à droite, Denis Ader

DISTRIBUTION

Espèce commune à abondante, rencontrée dans toute l'aire de répartition géographique couverte par ce guide, mais également aux Bermudes.

CONSIDÉRATIONS TAXONOMIQUES

Les espèces rattachées au genre *Pseudodiploria* (*P. clivosa* et *P. strigosa*) étaient auparavant classées dans le genre *Diploria* avec *D. labyrinthiformis*. Ces trois espèces sont distinguées sur la base de critères morphologiques : largeur des vallées, nombre de septes par centimètre et développement du cœnosteum : *D. labyrinthiformis* est caractérisé par un cœnosteum bien développé, avec une gouttière ambulacraire caractéristique, des vallées larges d'environ 5 mm et 14-17 septes/cm ; *P. strigosa* présente un cœnosteum peu développé, des vallées larges d'environ 6 mm et 15-20 septes/cm ; enfin, *P. clivosa* n'a pas de cœnosteum, ses vallées sont larges d'environ 3,75 mm et montre 30-40 septes/cm.

Les données moléculaires obtenues par Nunes *et al.* en 2008 montrent que *D. labyrinthiformis* est génétiquement plus proche de *Manicina areolata* que des deux autres espèces. Les données provenant de l'ADN mitochondrial montrent que *D. strigosa* et *D. clivosa* se regroupent au sein d'un clade de même genre, alors que les données nucléaires ne le montrent pas. De ce fait, Budd *et al.*, (2012) ont scindé les trois espèces traditionnellement classées dans le genre *Diploria* en deux genres distincts : un (*Diploria*) contenant l'espèce *D. labyrinthiformis* et l'autre (*Pseudodiploria*) renfermant les espèces *P. clivosa* et *P. strigosa*.

Isophyllia rigida : aspect d'une colonie.

Corail étoilé rugueux

***Isophyllia rigida* (Dana, 1846)**

LC

CARACTÈRES DISTINCTIFS

Colonies d'aspect charnu, de forme massive, mesurant jusqu'à une vingtaine de centimètres de diamètre, aux polypiérites agencés selon le type subcérioïde (dans ce cas, les polypiérites irréguliers dépassent rarement plus de 1 cm de diamètre), mais parfois également en séries très courtes ne comprenant que deux centres calicinaux (rarement plus de 4 cm de longueur pour une largeur et une profondeur comprises respectivement entre 8 à 10 mm et 10 à 12 mm). Septes fins légèrement saillants, munis de fines dents pointues. Columelle trabéculaire compacte rudimentaire. Faces latérales des septes ornées de granules pointus alignés.

COULEUR

Collines généralement de couleur brune ou grise occasionnellement verte, rose ou pourpre, vallées de couleur vert pâle à blanchâtre.

HABITAT

Espèce rencontrée à faible profondeur, généralement entre 1 et 20 m (41 m maximum), mais plus commune entre 3 et 12 m. Espèce préférant les chenaux de houle, mais pouvant également être observée dans les zones à forte sédimentation.

Isophyllia rigida : cette espèce forme de petites colonies de forme hémisphérique qui varient peu en ce qui concerne la couleur ou la forme de croissance.

DISTRIBUTION

Espèce occasionnelle à peu commune présente dans toute l'aire de répartition géographique couverte par ce guide.

CONSIDÉRATIONS TAXONOMIQUES

À l'origine, cette espèce a été classée par Matthai (1928) dans un genre différent, le genre *Isophyllastrea*, en se basant sur l'arrangement des polypiérites de type subcérioïde : ce dernier ne contenait qu'une espèce, *Isophyllastrea rigida* (Dana, 1846).

Cependant, grâce à des données d'ordre moléculaire, Budd *et al.*, (2012) ont montré que les genres *Isophyllastrea* et *Isophyllia* ne pouvaient pas être distingués, et les considèrent donc comme synonymes à l'instar de Zlatarsky et Martinez-Estalella (1982) et Veron (2000), et contrairement à Walton Smith (1971) et Cairns (1999).

Isophyllia rigida : en haut, squelette d'une colonie montrant l'agencement des polypiérites de type subcérioïde ; en bas, vue rapprochée montrant les septes fins, légèrement saillants ornés de fines dents pointues.

Isophyllia sinuosa f. *sinuosa* : les colonies d'aspect charnu sont constituées de courtes vallées méandroïdes.
Thomas Menut

Corail-cactus sinueux

Isophyllia sinuosa (Ellis & Solander, 1786)

LC

CARACTÈRES DISTINCTIFS

Colonies d'aspect charnu, massives en forme de dôme dont le diamètre ne dépasse pas 20 cm. Agencement des polypiérites de type méandroïde. Fine rainure parcourant le sommet arrondi des collines. Vallées larges (10-15 mm de largeur). Septes principaux fusionnant avec la columelle trabéculaire compacte peu développée. Bord libre des septes ornés de grandes dents (> 0,6 mm) fortement espacées (1-2 mm) et disposées de façon régulière. Faces latérales des septes ornées de granules pointus alignés. On distingue généralement deux morphotypes : les polypiérites de la **forme *multiflora*** (Verrill, 1902) sont agencés selon le type cérioïde et méandroïde ; dans ce cas les vallées sont généralement courtes, étroites (largeur comprise entre 12 et 15 mm) et ne contiennent que quelques centres calicinaux (les vallées des formes juvéniles ont une disposition radiaire qui disparaît chez les adultes) ; les colonies de la **forme *sinuosa*** (Ellis & Solander, 1786) se caractérisent par leurs vallées larges (largeur comprise entre 20 et 25 mm) profondes, longues et sinueuses à disposition radiaire.

COULEUR

Très variable, incluant des nuances de jaune, vert, marron, gris, lavande parfois avec des teintes iridescentes orange et bleues. Vallées et collines présentent des couleurs souvent contrastées.

Isophyllia sinuosa : vue de détail montrant la fine rainure parcourant le sommet arrondi des collines.

Thomas Menut

HABITAT

Espèce rencontrée à faible profondeur, généralement entre 1 et 35 m, mais plus commune entre 1 et 10 m. Espèce préférant les zones à hydrodynamisme faible et les zones riches en sédiments ; on la rencontre parfois sur les fonds sableux.

DISTRIBUTION

Espèce rare à occasionnelle, présente dans toute l'aire de répartition géographique couverte par ce guide, mais également aux Bermudes.

CONSIDÉRATIONS TAXONOMIQUES

La forme *multiflora* a été considérée par certains auteurs (Budd *et al.*, 2012) comme une espèce distincte, nommée *Isophyllia multiflora* Verrill, 1902, car son polypier est plus petit, ses vallées plus courtes et plus étroites (largeur des vallées comprise entre 12 à 15 mm contre 20 à 25 mm chez *I. sinuosa*) et son nombre de septes par centimètre plus important (11 à 12 septes par centimètre contre 7 à 9 septes par centimètre chez *I. sinuosa*).

Mussa angulosa : aspect d'une colonie.
Thomas Menut

Corail-fleur épineux

***Mussa angulosa* (Pallas, 1766)**

LC

CARACTÈRES DISTINCTIFS

Colonies charnues formées de branches courtes et épaisses, dont le diamètre peut atteindre 5 cm, chaque branche se terminant par un polypiérite de forme circulaire mesurant jusqu'à 10 cm de diamètre (agencement des polypiérites de type phacéloïde) ou par une série de deux ou trois polypiérites, parfois plus (agencement des polypiérites de type flabello-méandroïde). Septes répartis en quatre cycles, légèrement inégaux. Septes fins, incurvés, largement espacés, ornés de grandes dents acérées (> 0,6 mm) fortement espacées (1-2 mm) et disposées de façon régulière. Dents septales des différents cycles de septes sensiblement de même taille. Faces latérales des septes ornées de granules pointus alignés. Columelle spongieuse plus ou moins bien développée. Centres calicinaux réunis par des liaisons trabéculaires. Côtes bien développées s'étendant le long des branches. Grands polypes charnus. Tentacules des polypes épanouis uniquement la nuit.

COULEUR

Variable, le plus souvent gris terne, mais parfois vert bleuâtre ou pourpre. En lumière naturelle et en profondeur, les polypes absorbent la lumière bleue ambiante et, par un phénomène de fluorescence, paraissent rouges, orangés ou roses. Ce phénomène disparaît dès lors que l'on éclaire les colonies avec un phare ou un flash.

Mussa angulosa: en haut à gauche et p. 160, les colonies charnues se présentent sous l'aspect de branches courtes et épaisses dont les extrémités se terminent par un polypiérite de grande taille ou par une série de 2 ou 3 polypiérites; en haut, à droite, individu juvénile; en bas, à gauche, individu juvénile solitaire; en bas, à droite, colonie morte laissant apparaître le squelette (remarquer les septes ornés de grandes dents acérées disposés en plusieurs cycles).

HABITAT

Espèce rencontrée entre 1 et 59 m de profondeur maximale, mais plus commune entre 10 et 30 m de fond. Espèce sans préférence écologique nette présente dans tous les compartiments récifaux, y compris les zones à forte sédimentation.

DISTRIBUTION

Espèce occasionnelle à commune présente dans toute l'aire de répartition géographique couverte par ce guide et qui vient d'être récemment observée aux Bermudes, mais dont la distribution semble très limitée (Murdoch *et al.*, 2008).

CONSIDÉRATIONS TAXONOMIQUES

Si les adultes sont aisés à identifier, les jeunes individus solitaires sont difficiles à distinguer des espèces appartenant au genre *Scolymia*.

Mycetophyllia aliciae : aspect d'une colonie.

Corail-cactus à bosses

Mycetophyllia aliciae **Wells, 1973**

LC

CARACTÈRES DISTINCTIFS

Colonies constituant de fines plaques de contour généralement circulaire, faiblement attachées au substrat en position centrale ou pouvant former des disques grossiers plats ou légèrement en forme de dôme, et dont le diamètre peut atteindre une cinquantaine de centimètres. Agencement des polypiérites de type méandroïde. Des collines arrondies peu élevées courent du bord renflé vers le centre de la colonie et délimitent de larges vallées (largeur : 3 à 8 cm) peu profondes (profondeur : 3 à 7 mm), renfermant une à trois rangées de centres calicinaux (disposition plurisériée). Collines et vallées peu développées ou absentes au centre de la colonie, notamment pour les colonies rencontrées à plus grande profondeur. Septes égaux en épaisseur et aussi épais ou plus épais que l'espace situé entre eux et ornés de dents coniques. Présence de granules épars au niveau des faces latérales des septes. Columelle peu développée ou absente.

COULEUR

Collines et disques oraux des polypes en général blanchâtres, contrastant avec les vallées plus sombres et habituellement de coloration vert brunâtre, grisâtre ou rougeâtre.

HABITAT

Espèce rencontrée entre 15 et 73 m de profondeur maximale, mais plus commune entre 10 et 40 m de

Mycetophyllia aliciae : détail montrant les collines arrondies peu élevées courant du bord vers le centre de la colonie et délimitant de larges vallées peu profondes.

Thomas Menut

fond, plus particulièrement le long des tombants et dans la partie basse des récifs, mais pouvant également être observée sur les récifs soumis à des conditions légèrement turbides.

DISTRIBUTION

Espèce occasionnelle, parfois commune, présente dans toute l'aire de répartition géographique couverte par ce guide.

Mycetophyllia aliciae : ci-contre et ci-dessous, les colonies se présentent sous la forme de fines plaques de contour généralement circulaire.

Ci-contre, en haut Mathieu Lichosiek
Ci-dessous Denis Ader

Mycetophyllia danaana : aspect d'une colonie.

Corail-cactus à crêtes basses

Mycetophyllia danaana **Milne-Edwards & Haime, 1849**

LC

CARACTÈRES DISTINCTIFS

Colonies constituant des plaques solides de forme généralement circulaire, faiblement attachées au substrat, dont le diamètre peut atteindre une trentaine de centimètres. Agencement des polypiérites de type méandroïde. Collines discontinues, arrondies, parfois très courtes, formant alors des monticules isolés. Longues vallées sinueuses, étroites (largeur comprise entre 10 et 20 mm), ne contenant qu'une seule rangée de centres calicinaux (disposition unisériée), parfois profondes (profondeur généralement comprise entre 10 et 12 mm), rayonnant depuis le centre de la colonie. Septes fins, moins épais que l'espace situé entre eux et espacés de façon régulière, ornés de grandes dents de taille sensiblement identique et espacées régulièrement. Présence de granules abondants au niveau des faces latérales des septes. Columelle rudimentaire ou absente.

COULEUR

Collines et disques oraux des polypes généralement pâles, contrastant avec les vallées plus sombres.

HABITAT

Espèce rencontrée entre 2 et 55 m de profondeur maximale, sans préférence écologique nette et observable dans tous les compartiments récifaux.

Mycetophyllia danaana : les colonies se caractérisent par la présence de vallées profondes, rayonnant depuis le centre de la colonie, et par la présence de collines discontinues, arrondies, parfois très courtes, formant des monticules isolés.

DISTRIBUTION

Espèce occasionnelle, parfois commune, présente dans toute l'aire de répartition géographique couverte par ce guide.

Mycetophyllia ferox : aspect d'une colonie.

Corail-cactus rugueux

Mycetophyllia ferox **Wells, 1973**

VU

CARACTÈRES DISTINCTIFS

Colonies constituant de fines plaques au contour presque circulaire et au bord renflé, faiblement fixées au substrat et dont le diamètre peut atteindre plus d'une cinquantaine de centimètres. L'agencement des polypérites est de type méandroïde. Une fine rainure court le long des collines peu élevées qui délimitent des vallées étroites, mesurant généralement moins de 10 mm de largeur et ne contenant qu'une seule rangée de centres calicinaux (disposition unisériée), sinueuses et peu profondes (profondeur comprise entre 3 et 5 mm), s'interconnectant et conférant un aspect de treillis à la colonie. Septes égaux en épaisseur, moins épais que l'espace situé entre eux. Columelle rudimentaire ou absente. Dents septales de grande taille, séparées d'environ 1 mm et disposées de façon régulière. Présence de granules abondants au niveau des faces latérales des septes. Polypes pouvant être partiellement épanouis de jour.

COULEUR

Variable, généralement dans les nuances de gris, marron ou vert, les collines et les disques oraux des polypes sont de couleur plus claire parfois rosâtres et se détachent du fond sombre des vallées.

HABITAT

Espèce rencontrée entre 8 et 40 m de profondeur maximale, mais plus commune entre 10 et 20 m de fond. Espèce sciaphile, recherchant les zones

Mycetophyllia ferox: les colonies se présentent sous l'aspect de fines plaques; les vallées étroites, irrégulières sont généralement fermées. Les collines sont peu élevées et étroites. Les polypes de petite taille sont généralement roses.

sombres des récifs, mais pouvant également être observée sur les récifs soumis à des conditions légèrement turbides.

DISTRIBUTION

Espèce occasionnelle, présente dans toute l'aire de répartition géographique couverte par ce guide.

CONSIDÉRATIONS TAXONOMIQUES

Des études de comportement agressif réalisées sous conditions expérimentales ont montré que *Mycetophyllia ferox* est l'espèce du genre *Mycetophyllia*, la plus agressive, suivie de *M. reesi*; cependant, il n'y a pas d'interactions entre *M. aliciae*, *M. danaana* et *M. lamarckiana* (Lang, 1973).

Mycetophyllia lamarckiana : aspect d'une colonie.

Corail-cactus ridé

Mycetophyllia lamarckiana Milne-Edwards & Haime, 1848

NE

CARACTÈRES DISTINCTIFS

Colonies constituant des plaques solides de forme généralement circulaire, faiblement attachées au substrat, dont le diamètre peut atteindre une cinquantaine de centimètres et dont les bords sont renflés. Agencement des polypiérites de type méandroïde. Collines continues, arrondies, fines, dépourvues de rainure centrale. Vallées étroites (largeur comprise entre 10 et 20 mm), longues et sinueuses, ne contenant qu'une seule rangée de centres calicinaux (disposition unisériée), peu profondes (profondeur inférieure à 10 mm), rayonnant depuis le centre de la colonie. Collines et vallées peu développées ou absentes au centre de la colonie. Septes fins, moins épais que l'espace situé entre eux et espacés de façon régulière, ornés de dents de taille sensiblement identique et espacées régulièrement. Présence de granules abondants au niveau des faces latérales des septes. Columelle rudimentaire ou absente.

COULEUR

Variable, généralement dans les nuances de gris, marron ou vert ; les collines et les disques oraux des polypes sont souvent plus clairs et se détachent du fond sombre des vallées.

HABITAT

Espèce sciaphile, rencontrée entre 1 et 75 m de profondeur maximale, mais plus commune entre 5 et 40 m de fond, préférant les zones sombres

Mycetophyllia lamarckiana : les colonies forment des plaques de contour généralement circulaire ; les collines sont de forme arrondie ; les vallées peu profondes, sont larges, longues et sinueuses et ne contiennent qu'une unique rangée de centres calicinaux. Vallées et collines sont absentes au centre de la colonie.

et/ou profondes des récifs, mais pouvant également être observée sur les récifs soumis à des conditions légèrement turbides.

DISTRIBUTION

Espèce occasionnelle présente dans toute l'aire de répartition géographique couverte par ce guide.

CONSIDÉRATIONS TAXONOMIQUES

Les cinq espèces du genre *Mycetophyllia* peuvent être distinguées d'après la forme des colonies, qui peut être très variable à l'intérieur des espèces. *Mycetophyllia reesi* se distingue par son bourgeonnement circum-oral et l'absence de colline. *Mycetophyllia ferox* se différencie par son bourgeonnement intra-tentaculaire et ses vallées étroites (~10 mm) et sinueuses avec des collines continues et fourchues. *Mycetophyllia aliciae*, *M. danaana* et *M. lamarckiana* présentent toutes un bourgeonnement initial circum-oral (moins prononcé chez *M. danaana*) suivi par un bourgeonnement intra-intratentaculaire et des vallées droites et continues. Les vallées chez *M. aliciae* sont plurisériées (elles peuvent contenir plusieurs rangées de centres calicinaux) alors que celles de *M. danaana* et *M. lamarckiana* sont unisériées (elles ne contiennent qu'une seule rangée de centres calicinaux). *Mycetophyllia danaana* et *M. lamarckiana* tendent également à avoir des lobes paliformes moins prononcés que les trois autres espèces. *Mycetophyllia danaana* possède des vallées profondes (10-12 mm) formant parfois des monticules, des collines discontinues et plus de septes par cm (12-16 septes/cm) alors que *M. lamarckiana* possède des vallées larges peu profondes (< 10 mm), des collines continues et moins de septes (6 à 7 septes/cm). Selon Danaher (1998), *M. danaana* et *M. lamarckiana* sont synonymes en se basant sur l'analyse des variations squelettiques causées par les gradients environnementaux liés à l'acquisition des nutriments et de l'énergie (plasticité fonctionnelle ; Budd *et al.*, 2012).

Mycetophyllia reesi : aspect d'une colonie.
Paul Human

Corail-cactus à bulbes

Mycetophyllia reesi Wells, 1973

DD

CARACTÈRES DISTINCTIFS

Colonies constituées de fines plaques épousant parfois la forme du substrat, fixées sur ce dernier avec un point d'attache central ou décalé vers le bord de la colonie. Plaques pouvant devenir plus épaisses, notamment au niveau des surfaces verticales. Taille de la colonie généralement inférieure à 30 cm de diamètre. Surface couverte de polypiérites saillants en forme de petits dômes d'environ 5 mm de diamètre, disposés en lignes grossièrement concentriques. Seule espèce du genre *Mycetophyllia* dépourvue de collines et de vallées. Septes fins, de taille égale et espacés de façon régulière. Dents septales ayant tendance à être plus développées en direction du centre du calice. Dents septales régulièrement espacées et de forme plus ou moins triangulaire. Granules peu nombreux au niveau des faces latérales des septes. Selon Lang (*in* Wells, 1973a), les polypes de cette espèce seraient dépourvus de tentacules ; cette espèce s'alimenterait grâce à un filet de mucus collectant les particules alimentaires (Goldberg, 2002).

COULEUR

Vert marbré, marron, gris, bleu-gris, parfois avec des teintes iridescentes.

HABITAT

Espèce rencontrée le long des tombants et dans les zones sombres des récifs, jusqu'à la profondeur maximale de 76 m.

Mycetophyllia reesi : les colonies se présentent sous l'aspect de minces plaques dont la surface est couverte de polypiérites saillants en forme de petits dômes. C'est la seule espèce du genre *Mycetophyllia* aux colonies dépourvues de vallées et de collines.

Paul Human

DISTRIBUTION

Espèce peu commune à rare, présente de façon sporadique dans la mer des Antilles (Jamaïque, Cuba, îles Cayman, îles des Antilles néerlandaises, Belize, Mexique, Honduras), mais absente dans le golfe du Mexique, en Floride et aux Bahamas.

Scolymia sp. : en haut, à gauche, *S. wellsii* (?) ; en haut, à droite, *S. cubensis* (?) ; en bas, à gauche, *S. cubensis* (?) ; en bas, à droite, *S. lacera* (?).

Coraux solitaires, diverses espèces

***Scolymia cubensis* (Milne Edwards & Haime, 1848), *S. lacera* (Pallas, 1766), *S. wellsii* Laborel, 1967**

LC (*S. cubensis*, *S. lacera*), **DD** (*S. weelsii*).

CARACTÈRES DISTINCTIFS

Espèces généralement solitaires, le plus souvent sessiles dont le polypiérite, de forme circulaire à ovale, mesure entre 3 et 10 cm de diamètre, mais peut atteindre jusqu'à 15 cm pour *S. lacera*. La zone centrale du polypiérite est plate, quelques fois convexe (*S. cubensis*), plus rarement concave (*S. lacera*, *S. wellsii*). Le polype est charnu. On peut distinguer les septes à travers l'épaisseur des tissus sous la forme de structures rayonnantes.

La distinction entre les différentes espèces du genre *Scolymia* est délicate. La taille à elle seule permet d'identifier *S. lacera* si elle dépasse 12 cm de diamètre. Si elle est inférieure, l'identification nécessite un examen approfondi de la structure fine des septes. Dans ces conditions, *S. lacera* se distingue des autres espèces du genre *Scolymia* par ses septes plus saillants et plus épais, notamment au niveau des cycles inférieurs, ses grandes dents septales de forme triangulaire (< 5 dents/cm), sa texture généralement plus rugueuse et sa coloration souvent plus pâle. Les dents septales de *S. cubensis* sont nombreuses longues et minces (> 5 dents/cm), alors que celles de *S. wellsii* sont irrégulières, fines, cylindriques, fragiles, parfois recourbées (aspect de crochet) et fusionnées. Il est extrêmement difficile de distinguer à quelles espèces sont rattachés les petits individus du genre *Scolymia* (diamètre inférieur à 3 cm).

COULEUR

Variable, gris, vert, marron, pourpre, avec parfois des teintes fluorescentes rouges.

HABITAT

Les espèces du genre *Scolymia* préfèrent généralement la partie profonde (bas des tombants) et les habitats peu exposés à la lumière (dessous des surplombs, entrées des grottes sous-marines, canyons sous-marins). Les profondeurs maximales atteintes par *S. cubensis*, *S. wellsii* et *S. lacera* sont respectivement de 92 m, 100 m et 80 m. En milieu turbide, le polypiérite des espèces du genre *Scolymia* prend une forme de colonne ce qui a pour effet de surélever le polype évitant ainsi son enfouissement dans les sédiments.

DISTRIBUTION

Les espèces du genre *Scolymia* sont généralement des espèces occasionnelles présentes dans toute l'aire de répartition géographique couverte par ce guide. *S. wellsii* et *S. cubensis* sont également présents le long des côtes tropicales du Brésil. La présence de *S. cubensis* a aussi été signalée aux Bermudes.

CONSIDÉRATIONS TAXONOMIQUES

La comparaison entre *Scolymia lacera* et *Mussa angulosa* à partir de squelettes détenus dans les muséums montre que le polypier de *S. lacera* est plus grand que celui de *M. angulosa*, ses septes sont plus épais, ses côtes sont plus courtes, son pédoncule (colonne) d'attachement plus court. Néanmoins, il existe des formes intermédiaires entre ces deux types morphologiques. De plus, lorsque l'on met face à face ces deux espèces, elles ne s'agressent pas et elles présentent les mêmes réactions d'agressivité vis-à-vis de huit autres espèces de Scléractiniaires (Lang, 1971 ; Lang, 1973), alors que *S. cubensis* est attaqué par *S. lacera* et présente des réactions d'agressivité différentes vis-à-vis de huit autres espèces de Scléractiniaires. Comme le nombre de polypes augmente au cours de la vie des espèces, Fenner (1993a) considère que *S. lacera* ne comprenant qu'un unique polype correspondrait à une forme juvénile, tandis que *M. angulosa* correspondrait à une forme plus âgée de la même espèce. Dans ces conditions, *S. lacera* serait un écomorphe (morphotype) de *M. angulosa* (*M. angulosa* forme *lacera*) constitué d'un unique polype,

Scolymia cubensis : squelette d'un individu montrant les septes primaires légèrement plus grands que ceux des autres cycles ainsi que les dents nombreuses, longues et minces.

et *M. angulosa* forme *angulosa* correspondrait à un deuxième écomorphe comprenant plusieurs polypes.

Toujours selon Fenner (1993), étant donné que *S. lacera* (Pallas, 1766) est l'espèce type ayant servi à décrire le genre *Scolymia*, les autres espèces du genre *Scolymia* devraient dorénavant se nommer *Mussa*. Ainsi, *S. cubensis* devrait dorénavant se nommer *Mussa cubensis*. Par ailleurs, *Scolymia wellsii*, qui présente des septes de même épaisseur, la même taille de polypiérite et la même apparence des tissus vivants que *S. cubensis*, devrait se dénommer *Mussa cubensis* forme *wellsii*.

Cependant, des travaux récents (Budd & Stolarski, 2009 ; Budd *et al.*, 2012) prenant en compte des caractères micromorphologiques (ornementations septales et structure fine de la columelle) et microstructuraux (nature de la muraille et du cœnosteum), ne vont pas dans le sens des affirmations de Fenner, mais tendent à confirmer que *S. lacera* est une espèce distincte de *M. angulosa* (il y a moins de cycles de septes et il n'y a pas de différenciation des dents septales dans les différents cycles de septes chez *M. angulosa* alors que les dents septales diffèrent par la taille chez *S. lacera* ; chez les rares formes coloniales, les centres calicinaux sont réunis respectivement par des liaisons lamellaires et trabéculaires chez les Scléractiniaires du genre *Scolymia* et ceux du genre *Mussa*).

Sous-ordre *Vacatina* Okubo, 2016
Famille des *Oculinidae* Gray, 1847

Coraux coloniaux avec ou sans zooxanthelles.
Bourgeonnement extra-tentaculaire.
Agencement des polypiérites de type plocoïde ou phacéloïde.
Cœnosteum lisse ou finement granuleux.
Septes disposés en 3 ou 4 cycles, protubérants débordant au-dessus de la muraille.
Bord distal armé de dents faibles augmentant de taille dans la partie interne.
Côtes ornées de fins granules, soudées entre elles.
Lobes paliformes présents ou non.
Columelle généralement peu développée, spongieuse ou papilleuse.
Tentacules des polypes épanouis de jour ou de nuit selon les espèces.
Espèces parfois abondantes dans les eaux côtières turbides.

Seul le genre *Oculina* est présent dans les Caraïbes.

GENRE *OCULINA* LAMARCK, 1816

Les coraux du genre *Oculina* sont présents principalement dans l'Atlantique tropical, mais quelques espèces se rencontrent dans l'est de l'océan Pacifique. Plusieurs espèces sont présentes dans les Caraïbes ; elles sont généralement peu communes, forment de petites colonies branchues et diffèrent les unes des autres par la forme des branchements, de l'épaisseur des branches et de la densité et de la forme des polypiérites. Il serait intéressant d'étudier ces différentes espèces au plan moléculaire afin de savoir s'il s'agit d'espèces bien réelles ou simplement d'écomorphes adaptés à des environnements distincts. Une seule espèce est décrite dans ce guide, *Oculina diffusa* Lamarck, 1816.

La plupart des espèces du genre *Oculina* sont dépourvues de zooxanthelles. Colonies de forme branchue aux polypes disposés en spirale autour des rameaux. Polypiérites circulaires fortement espacés. Diamètre des polypiérites compris entre 3 et 4 mm. Cœnosteum lisse ou finement granuleux. Septes disposés en plusieurs cycles. Présence de *pali* devant les septes de tous les cycles à l'exception de ceux du dernier cycle. Bord axial des septes finement denté. Présence de granules au niveau des faces latérales des septes. Columelle papilleuse.

Squelette d'une colonie du genre *Oculina* montrant l'agencement des polypiérites de type plocoïde et la disposition des polypiérites en spirale autour des rameaux. Remarquer l'absence de polypiérites axiaux (situés à l'extrémité des branches).

Oculina diffusa : petites colonies branchues, jaunâtres à vert olive, aux polypiérites saillants très espacés ; les tentacules, épanouis de jour, confèrent à la colonie un aspect duveteux.

Toutes les photos, Romain Ferry

Oculine diffuse

Oculina diffusa Lamarck, 1816

LC

CARACTÈRES DISTINCTIFS

Colonies branchues pouvant atteindre 30 cm de diamètre. Branches fines (diamètre généralement inférieur à 10 mm), grossièrement horizontales, ne formant jamais de doigts verticaux. Agencement des polypiérites de type plocoïde. Polypiérites fortement espacés, légèrement saillants, mesurant 3 à 4 mm de diamètre. Absence de polypiérites axiaux (situés à l'extrémité des branches). 24 septes par calice, répartis en trois cycles complets. Présence de lobes paliformes en face des septes des deux premiers cycles. Columelle papilleuse bien développée, parfois confondue avec les lobes paliformes. Espèce pourvue ou dépourvue de zooxanthelles. Tentacules épanouis de jour donnant un aspect duveteux à la colonie.

COULEUR

Cœnosarque jaunâtre à vert olive.

HABITAT

Espèce des eaux calmes sur substrat sableux et dans les herbiers à *Thalassia testudinum* (herbe à tortue). Depuis la surface jusqu'à 3 m de profondeur dans les herbiers, sinon jusqu'à 30 m de profondeur.

DISTRIBUTION

Espèce commune à occasionnelle en Floride et aux Bahamas, occasionnelle à rare ailleurs dans les Caraïbes, également présente aux Bermudes (pour sa protection, voir l'annexe p. 220).

Sous-ordre *Vacatina* Okubo, 2016
Famille des *Pocilloporidae* Gray, 1840

Coraux coloniaux généralement fixés, plus rarement libres, avec ou sans zooxanthelles.
Colonies branchues, massives ou encroûtantes.
Bourgeonnement extra-tentaculaire.
Polypiérites de petite taille (diamètre < 3 mm) et de forme variée agencés selon le type plocoïde.
Septes rudimentaires, disposés en un ou deux cycles.
Columelle styliforme (en forme de baguette) bien développée.
Cœnosteum non poreux, recouvert de petites épines et parfois de vésicules.
Tentacules des polypes épanouis de jour ou de nuit selon les espèces.

Cette famille est représentée uniquement par le genre *Madracis* (cinq espèces) dans les Caraïbes.

GENRE *MADRACIS* MILNE EDWARDS & HAIME, 1849

Certains auteurs (Veron, 2000 ; Human et Deloach, 2006) classent les coraux du genre *Madracis* dans la famille des Astrocœniidés en se basant sur la structure de la columelle. Cependant, en raison des ressemblances concernant la biologie de la reproduction entre les coraux du genre *Madracis* et ceux appartenant à la famille des Pocilloporidés (Vermeij *et al.*, 2004 ; espèces majoritairement hermaphrodites incubatrices et morphologie similaire des gonades) ainsi que des données récentes issues de la biologie moléculaire (Kerr, 2005), ce rapprochement semble douteux.

Les espèces du genre *Madracis* sont principalement des espèces coloniales dépourvues de zooxanthelles (Scléractiniaires ahermatypiques). Certaines espèces ayant une large distribution bathymétrique peuvent contenir facultativement des zooxanthelles (« Scléractiniaires apozooxanthellés » selon Stanley et Cairns (1988) ; par exemple *M. decactis*, *M. pharensis*). Selon les espèces, les colonies peuvent être arborescentes, encroûtantes ou massives. Les colonies sont formées par bourgeonnement extra-tentaculaire. Le diamètre des polypiérites est compris entre 1 et 2 mm. L'agencement des polypiérites est de type plocoïde. Les septes sont peu développés et disposés par groupes de 6, 8 ou 10 mais rarement en plus de deux cycles. Les septes primaires fusionnent avec la columelle styliforme (en forme de baguette) et sont généralement ornés de lobes paliformes. Le cœnosteum est solide et pourvu de côtes ou de petites épines.

Les espèces du genre *Madracis* sont observées généralement dans les endroits obscurs du récif ou en profondeur. Ce sont des espèces opportunistes dont les colonies de petite taille envahissent de nouveaux espaces rapidement. On les observe dans les eaux tropicales et tempérées de l'Indo-Pacifique, de la mer Rouge, des Caraïbes et en Méditerranée. On en connaît une quinzaine d'espèces.

La systématique des Scléractiniaires du genre *Madracis* est complexe du fait de la présence d'écotypes et du fait que certaines espèces peuvent s'hybrider entre elles. En effet, toutes les espèces présentes dans les Caraïbes sont hermaphrodites et matures d'août jusqu'en octobre. La fécondation est interne chez toutes les espèces. On suppose que les échanges génétiques entre les espèces (introgression) se feraient par l'intermédiaire des spermatozoïdes émis dans la colonne d'eau, les ovocytes demeurant en place dans les polypes jusqu'à la fécondation. En conséquence, tous les biologistes ne sont pas d'accord sur le nombre d'espèces présentes dans les Caraïbes. Cependant, on admet généralement la présence de cinq espèces du genre *Madracis* dans les Caraïbes : *M. auretenra*, *M. decactis*, *M. formosa*, *M. pharensis* et *M. senaria*. Ces cinq espèces peuvent parfois être présentes sur le même récif. Les données d'ordre génétique ont montré que *M. senaria* et *M. auretenra* constituent des groupes monophylétiques (partageant un même ancêtre commun), alors que *M. decactis*, *M. pharensis* et *M. formosa* forment un complexe paraphylétique : ces trois taxons partagent un ensemble commun de gènes et *M. decactis* est plus proche de *M. pharensis* et de *M. formosa* que *M. pharensis* ne l'est de *M. formosa* (Diekmann *et al.*, 2001).

L'existence de ce complexe paraphylétique traduirait soit un processus de spéciation récent, soit une possibilité d'hybridation entre ces trois formes. D'ailleurs, il a été proposé récemment l'existence d'une espèce hybride, *M. carmabi* Vermeij, Diekmann & Bak, 2003 (Vermeij *et al.*, 2003a ; Frade *et al.*, 2010 ; Filatov *et al.*, 2013), résultat d'un croisement entre *M. decactis* et *M. formosa*. Cependant, le fait que *M. senaria* et *M. auretenra* constituent des groupes monophylétiques, bien que la biologie de la reproduction de ces deux espèces soit très proche (voir ci-dessus), suggère qu'il existe une reconnaissance chimique des gamètes empêchant toute hybridation entre elles et avec les autres espèces du genre *Madracis* présentes en sympatrie.

Madracis senaria Wells, 1973 n'est pas représentée dans ce guide, car il s'agit d'une espèce rencontrée entre 20 et 60 m de profondeur dans les habitats cryptiques (grottes et crevasses) et qui est rarement observée par les plongeurs. Elle forme des colonies encroûtantes et se distingue par ses polypiérites cylindriques, peu espacés, plus grands que ceux des autres espèces du genre *Madracis*, et par la présence de deux cycles de septes dont le premier comprend six septes saillants fusionnés avec la columelle styliforme peu développée. Le deuxième cycle de septes est plus ou moins bien développé. Le diamètre des polypiérites est d'environ 1,5 mm. Une étude génétique récente suggère que seul *M. senaria* serait génétiquement isolé des autres espèces du genre *Madracis* (Frade *et al.*, 2010). Cette espèce est présente dans toute l'aire de répartition géographique couverte par ce guide.

Madracis auretenra : aspect d'une colonie.
Thomas Menut

Madrace jaune

Madracis auretenra **Locke, Weil & Coates, 2007**

LC

CARACTÈRES DISTINCTIFS

Colonies branchues dont la taille peut atteindre plus de 1,5 m de diamètre. Branches fines, de diamètre compris entre 5 et 10 mm, aux extrémités généralement bifurquées. Seules les extrémités terminales des branches sont recouvertes de tissu vivant, les parties basales étant nécrosées et recouvertes d'organismes encroûtants (algues, éponges, tubes de polychètes). Polypiérites de contour circulaire à légèrement ovale, agencés selon le type plocoïde. Diamètre des polypiérites compris entre 0,9 et 2,3 mm. 10 septes primaires proéminents fusionnant avec la columelle styliforme (en forme de baguette). Pas de septes secondaires. Cœnosteum généralement couvert de petites épines formant parfois une crête entre les polypiérites. Tentacules des polypes épanouis de jour donnant un aspect duveteux à la colonie. Squelette fragile, les branches se brisent facilement.

COULEUR

Jaune pâle à crème. Disques oraux des polypes non discernables.

HABITAT

Espèce rencontrée dans divers habitats récifaux entre 1 et 40 m de profondeur, mais plus commune entre 3 et 40 m de fond. Dans les environnements d'avant récif, les branches constituent des agrégats de forme hémisphérique pouvant atteindre 2 m de diamètre. Dans les environnements d'arrière récif

Madracis auretenra : à gauche (voir aussi la photo p. 178), les colonies branchues sont constituées de branches fines aux extrémités généralement bifurquées. À droite, de nombreux organismes colonisent la partie basale des colonies qui est dépourvue de tissu vivant : dans ce cas, il s'agit de l'annélide polychète tubicole *Pomatostegus stellatus*.

et dans les lagons, les agrégats peuvent être plus denses et dépasser 5 m de diamètre. Colonies généralement attachées au substrat, mais pouvant parfois demeurer libres sur les fonds sableux. Cette espèce peut se multiplier par fragmentation et occuper des surfaces importantes. De très nombreuses espèces de crustacés décapodes, amphipodes et isopodes vivent parmi les branches de *M. auretenra*.

DISTRIBUTION

Espèce commune présente dans toute l'aire de répartition géographique couverte par ce guide mais également aux Bermudes.

CONSIDÉRATIONS TAXONOMIQUES

Pendant de très nombreuses années, cette espèce a été nommée à tort *Madracis mirabilis* (Duchassaing & Michelotti, 1860). Récemment Locke *et al.* (2007) ont redécrit cette espèce très commune. L'espèce nommée *Madracis mirabilis* par Duchassaing et Michelotti en 1860 correspond en réalité à *Madracis myriaster* (Milne Edwards & Haime, 1849) qui est une espèce d'eau profonde dépourvue de zooxanthelles.

Madracis auretenra présente une forte plasticité phénotypique. On peut ainsi distinguer des formes d'avant récif et des formes de lagon. Les branches des formes d'avant récif sont en général cylindriques, alors que celles des formes de lagon ont un diamètre plus important et des extrémités aplaties. Des crêtes d'aspect hexagonal entourent généralement les polypiérites des formes d'avant récif alors qu'elles sont absentes chez les formes de lagon. L'espacement entre les polypiérites est plus important chez les formes d'avant récif. Les polypiérites localisés sur les branches des formes de lagons et ceux localisés sur les parties terminales des branches des formes d'avant récif présentent 10 septes fins et la columelle est formée par fusion des septes, alors que les polypiérites localisés sur les côtés des branches des formes d'avant récif ont des septes plus épais et une columelle proéminente. L'espacement des branches varie aussi selon les conditions environnementales.

Madracis auretenra : les tentacules des polypes, épanouis de jour, donnent un aspect duveteux à la colonie.

Denis Ader

Madracis carmabi : aspect d'une colonie.

Madrace digité à 10 septes

***Madracis carmabi* Vermeij, Diekmann & Bak, 2003**

DD

CARACTÈRES DISTINCTIFS

Colonies constituant des touffes de branches relativement courtes et épaisses de section ovale à ronde et aux extrémités bifurquées. Seules les extrémités terminales des branches sont recouvertes de tissu vivant, les parties basales étant le plus souvent nécrosées et recouvertes d'organismes encroûtants (algues, éponges, tubes de polychètes). Polypiérites de contour circulaire, agencés selon le type plocoïde. Diamètre des polypiérites compris entre 0,7 et 1,8 mm. Dix septes primaires visibles, parfois dix septes secondaires. Septes fusionnés avec la columelle. Cœnosteum finement granuleux. Columelle comprenant un petit tubercule central.

COULEUR

Brun grisâtre. Disques oraux des polypes jaune verdâtre.

HABITAT

Espèce rencontrée plus fréquemment le long de la pente externe des récifs, entre 15 et 41 m de profondeur. Les colonies de taille plus importante sont généralement observées lorsque la profondeur est supérieure à 20 m.

DISTRIBUTION

Espèce occasionnelle, présente dans toute l'aire de répartition géographique couverte par ce guide et

Madracis carmabi : les colonies constituent des touffes de branches relativement courtes et épaisses aux extrémités bifurquées. Les disques oraux des polypes sont de couleur jaune verdâtre.

qui vient d'être observée récemment aux Bermudes (Venn *et al.*, 2009).

CONSIDÉRATIONS TAXONOMIQUES

Cette espèce est très vraisemblablement un hybride entre *M. decactis* et *M. formosa* (Vermeij *et al.*, 2003a ; Filatov *et al.*, 2013). Elle est très proche morphologiquement de *M. formosa* avec laquelle elle est souvent confondue, ce qui explique sa description relativement récente (2003). Elle s'en distingue néanmoins par la présence de dix septes primaires par calice, contre huit chez *M. formosa*.

L'identification de cette espèce par les plongeurs est délicate étant donné la difficulté à compter le nombre de septes par polypiérite sous l'eau. *Madracis carmabi* a une distribution bathymétrique limitée. On la rencontre essentiellement entre 20 et 40 m de profondeur. La comparaison de sa distribution bathymétrique avec celle de *M. formosa* et de *M. decactis*, suggère fortement la présence d'une zone d'hybridation (voir figure ci-contre), *M. carmabi* n'étant présente que dans la zone où cohabitent *M. formosa* et *M. decactis*.

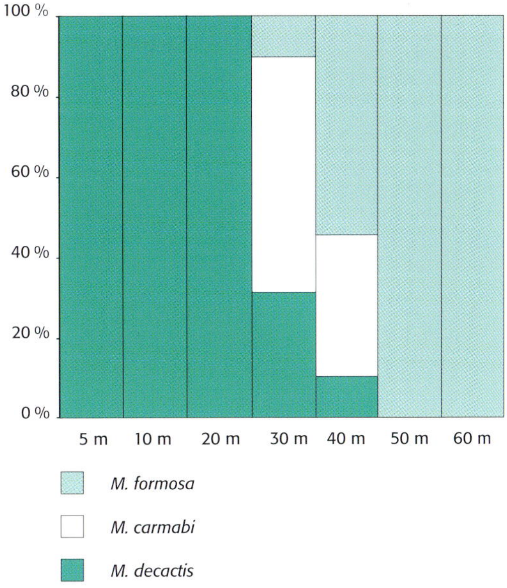

Abondance relative (en pourcentages) de *M. carmabi* le long de la pente externe récifale de l'île de Curaçao (Antilles néerlandaises) et celles de deux espèces proches *M. formosa* et *M. decactis*, dont on pense qu'il est un hybride (d'après Vermeij *et al.*, 2003).

Madracis decactis : aspect d'une colonie.

Madrace à 10 rayons

***Madracis decactis* (Lyman, 1859)**

LC

CARACTÈRES DISTINCTIFS

Petites colonies encroûtantes projetant généralement de petits lobes aux extrémités arrondies (2 à 3 cm de diamètre et 2 à 3 cm de longueur) donnant un aspect noduleux à la colonie. Diamètre de la colonie excédant rarement plus de 15 cm, mais pouvant atteindre jusque 1 m. Polypiérites de contour circulaire à angulaire, agencés selon le type plocoïde. Diamètre des polypiérites compris entre 1 et 1,5 mm. 10 septes primaires fusionnés avec la columelle styliforme (en forme de baguette). Cœnosteum généralement couvert de petites épines formant parfois une crête entre les polypiérites. Tentacules des polypes souvent épanouis de jour.

COULEUR

Gris brunâtre à jaune verdâtre. Disques oraux des polypes non discernables.

HABITAT

Espèce rencontrée entre 1 m et 98 m de profondeur, mais plus commune entre 5 et 40 m de fond, sans préférence écologique nette, observable dans tous les compartiments récifaux ; elle développe des lobes et des bosses dans les endroits bien éclairés des récifs et prend une forme encroûtante dans les zones sombres (dessous des surplombs, entrée des grottes, tombants profonds). Cependant, elle montre une préférence nette pour les substrats horizontaux

Madracis decactis : les colonies, encroûtantes, projettent généralement de petits lobes aux extrémités arrondies donnant un aspect noduleux à la colonie.

qu'elle partage avec la majorité des autres espèces de Scléractiniaires hermatypiques.

DISTRIBUTION

Espèce commune, présente dans toute l'aire de répartition géographique couverte par ce guide, mais également aux Bermudes et le long des côtes tropicales du Brésil et d'Afrique occidentale.

CONSIDÉRATIONS TAXONOMIQUES

Sous sa forme encroûtante, cette espèce est difficile à différencier de *Madracis pharensis* forme *luciphila*, mais peut être distinguée *in situ* par le type d'habitat occupé. Les calices de *M. decactis* contiennent dix septes primaires tandis que ceux de *M. pharensis* forme *luciphila* en contiennent dix primaires et dix secondaires, ainsi que de petits lobes paliformes localisés autour de la columelle.

Madracis formosa : les colonies constituent des touffes de branches relativement courtes et épaisses, aux extrémités arrondies. Les disques oraux des polypes sont jaune verdâtre.

Madrace profond

Madracis formosa Wells, 1973

LC

CARACTÈRES DISTINCTIFS

Colonies constituant généralement des touffes de branches relativement courtes et épaisses (diamètre jusqu'à 3 cm) aux extrémités arrondies, parfois bifurquées. Colonies pouvant mesurer jusqu'à 1,5 m de diamètre. Polypiérites de contour circulaire, agencés selon le type plocoïde et largement espacés. Diamètre des polypiérites compris entre 1 et 1,25 mm. 8 septes primaires par calice. Parfois 8 septes secondaires. Cœnosteum couvert de petites épines. Columelle comprenant un petit tubercule central.

COULEUR

Brun tirant sur le vert. Disques oraux des polypes jaune verdâtre.

HABITAT

Espèce rencontrée plus fréquemment le long de la pente externe des récifs entre 20 et 85 m de profondeur. Espèce sciaphile, fuyant la lumière et recherchant les zones peu lumineuses des récifs (dessous des surplombs, entrée des grottes, tombants profonds).

DISTRIBUTION

Espèce occasionnelle présente dans toute l'aire de répartition géographique couverte par ce guide.

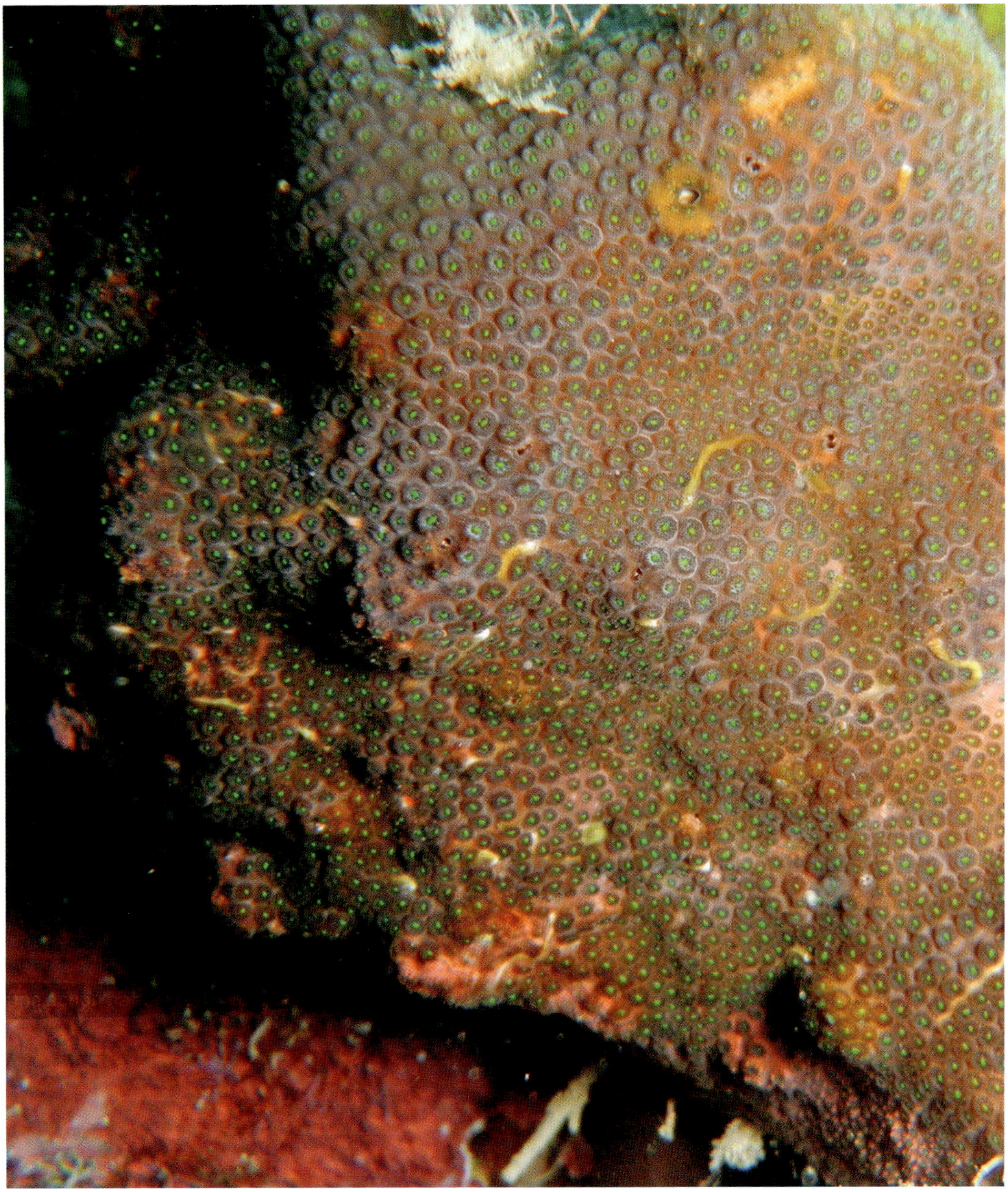

Madracis formosa : les colonies constituent des touffes de branches relativement courtes et épaisses, aux extrémités arrondies. Les disques oraux des polypes sont jaune verdâtre.

Madracis pharensis f. *luciphila* : aspect d'une colonie.

Madrace étoilé

Madracis pharensis (Heller, 1868)

LC

CARACTÈRES DISTINCTIFS

Selon les conditions du milieu, on distingue deux formes (morphotypes ou écotypes) : la **forme *pharensis*** (Heller, 1868), rencontrée dans les endroits sombres du récif, constitue des croûtes fines à la surface du substrat en forme de longs rubans ou des touffes de petits lobes nombreux ; la **forme *luciphila*** Wells, 1973, est typique des endroits bien éclairés du récif et constitue des plaques épaisses à la surface du substrat : elle ressemble alors à *M. decactis*. Les caractéristiques du squelette sont les mêmes pour les deux formes. Polypiérites circulaires à polygonaux agencés selon le type plocoïde, mais peu espacés les uns des autres. Diamètre des polypiérites compris entre 1,5 et 2,3 mm. Dix septes primaires fusionnant avec la columelle, et dix septes secondaires plus ou moins bien développés. Présence de lobes paliformes bien développés formant une couronne encerclant la columelle styliforme (en forme de baguette). Cœnosteum couvert de petites épines.

COULEUR

La forme *pharensis*, dépourvue de zooxanthelles, est généralement crème avec des polypes roses, tandis que la forme *luciphila*, dont la coloration est due à la présence de zooxanthelles, varie de brun à vert.

HABITAT

Les colonies de la forme *pharensis* sont sciaphiles et recherchent les endroits sombres des récifs comme

Madracis pharensis f. luciphila : typique des endroits bien éclairés du récif, cette forme constitue des plaques épaisses à la surface du substrat.

la face inférieure des grands coraux en forme de plaques, le dessous des surplombs, le plafond des grottes, le bas des tombants voire le dessous des blocs. Cette forme est rencontrée sur les récifs entre 5 et 133 m de profondeur maximale mais elle est plus commune entre 20 et 70 m de fond.

Les colonies de la forme *luciphila* recherchent plutôt les zones éclairées des récifs, comme la face exposée à la lumière des tombants. Contrairement à la forme pharensis, la forme *luciphila* peut être observée à faible profondeur (à partir de 2 m) ; néanmoins, elle peut atteindre la profondeur maximale de 99 m.

DISTRIBUTION

La **forme *luciphila*** est présente de façon occasionnelle dans toute l'aire de répartition géographique couverte par ce guide ainsi qu'aux Bermudes et le long des côtes tropicales du Brésil. La **forme *pharensis*** est également présente en mer Méditerranée et dans l'Atlantique Est, de Gibraltar aux îles du Cap-Vert.

CONSIDÉRATIONS TAXONOMIQUES

Selon Fenner (1993a), comme la forme *luciphila* est difficilement distinguable de la forme encroûtante de *M. decactis*, il semblerait qu'elle ne soit qu'un morphotype de *M. decactis*. De plus, étant donné qu'il existerait des formes intermédiaires entre *M. decactis* et *M. pharensis*, il faudrait considérer ce dernier comme un écotype de *M. decactis* plutôt que comme une espèce distincte. Il existerait donc trois morphotypes : *M. decactis* forme *decactis*, *M. decactis* forme *luciphila* et *M. decactis* forme *pharensis*.

Par ailleurs, une étude récente réalisée par Benzoni *et al.* (2018) a montré qu'il existe des différences morphologiques et génétiques significatives entre des individus provenant de Méditerranée et des Caraïbes et que la forme caribéenne ne représente pas un écomorphe avec zooxanthelles de la forme méditerranéenne. Toutefois, l'identité de l'espèce reste à être vérifiée, et ses relations avec *M. decactis*, qui présente de fortes ressemblances morphologiques, doivent être précisées.

Incertae sedis

L'expression d'origine latine *incertae sedis*, qui signifie « de siège incertain », est utilisée afin de désigner un taxon dont les affinités avec les autres groupes taxonomiques ne sont pas totalement définies ; en d'autres termes, la phylogénie moléculaire, actuellement toujours en cours, ne leur assigne pas encore de place clairement définie.

GENRE *CLADOCORA* EHRENBERG, 1834

Les Scléractiniaires du genre *Cladocora* sont présents dans les Caraïbes ainsi qu'en Méditerranée et dans l'océan Pacifique.

Coraux coloniaux avec ou sans zooxanthelles. Colonies se présentant sous la forme de longs polypiérites tubulaires compacts ou branchus de façon irrégulière. Bourgeonnement des polypes de type extra-tentaculaire. Polypiérites de forme cylindrique agencés selon le type phacéloïde. Structure basale peu développée. Septes disposés en plusieurs cycles. Présence de *pali* devant les septes de tous les cycles à l'exception de ceux du dernier cycle. Bord axial des septes finement denté. Côtes bien développées. Columelle spongieuse ou papilleuse. Tentacules des polypes épanouis de jour et de nuit. La plupart des espèces du genre *Cladocora* sont dépourvues de zooxanthelles.

GENRE *SOLENASTREA* MILNE EDWARDS & HAIME, 1848

Les Scléractiniaires du genre *Solenastrea* sont présents dans les Caraïbes et le long de la côte sud-est des États-Unis. Deux espèces sont observables dans les Caraïbes : *S. bournoni* et *S. hyades*. Ces deux espèces se rencontrent préférentiellement en Floride ; elles sont beaucoup plus rares dans la mer des Antilles et aux Bahamas. On les rencontre à faible ou moyenne profondeur.

Colonies massives en forme de dôme hémisphérique ou d'aspect irrégulier. Polypiérites circulaires de petite dimension dont le diamètre est compris entre 2 et 3 mm. Polypiérites agencés selon le type plocoïde, fortement espacés. Alternance de septes longs et courts. Lobes paliformes peu développés ou absents. Columelle peu développée et spongieuse. Cœnosteum lisse ou vésiculaire. Tentacules des polypes parfois épanouis de jour.

Cladocora arbuscula : les colonies se présentent sous la forme de bouquets de branches.
En haut, Thomas Menut
À gauche, Charles Sheppard

Corail arbuscule

Cladocora arbuscula (Le Sueur, 1820)

LC

CARACTÈRES DISTINCTIFS

Colonies arborescentes, mesurant jusqu'à 30 cm de diamètre, en général libres, parfois fixées sur les substrats durs, en masses de petites branches denses dans les eaux peu profondes, à branches plus espacées à plus grande profondeur (généralement sous 20 m). Polypiérites cylindriques, uniquement aux extrémités des branches (agencement phacéloïde). Diamètre des branches et des polypiérites entre 3 et 4 mm. En général, seule la partie distale des colonies est vivante, la partie basale étant nécrosée. Muraille et septes fins. Septes ornés de dents irrégulières et disposés en plusieurs cycles. Présence de *pali* devant les septes de tous les cycles à l'exception de ceux du dernier cycle. Côtes bien développées formant des stries longitudinales parcourant toute la longueur des branches. Columelle peu développée et papilleuse. Squelette fragile, dont les branches se brisent facilement. Espèce pourvue de zooxanthelles. Tentacules généralement épanouis de jour.

COULEUR

Marron doré à marron foncé.

HABITAT

Entre la surface et 15 m de profondeur maximale, préférant les zones turbides où la sédimentation est importante – herbiers de phanérogames marines à *Thalassia testudinum* (herbe à tortue), mangroves.

DISTRIBUTION

Espèce occasionnelle à commune, présente dans toute l'aire de distribution géographique couverte par ce guide. Cette espèce fait l'objet d'un arrêté en Guadeloupe, en Martinique et à Saint-Martin fixant les modalités de sa protection (voir annexe p. 220).

Solenastrea bournoni : aspect des colonies.
Romain Ferry

Corail étoilé lisse

Solenastrea bournoni Milne Edwards & Haime, 1849

LC

CARACTÈRES DISTINCTIFS

Colonies massives en forme de dôme, pouvant mesurer jusqu'à 60 cm de diamètre et dont la surface présente parfois de légers bombements irréguliers. Cette espèce peut, dans certaines circonstances, former des nodules libres. Polypiérites de forme circulaire, légèrement saillants, dont le diamètre est compris entre 2 et 2,5 mm. Septes disposés en trois cycles complets. Seuls ceux des deux premiers cycles fusionnent avec la columelle et présentent des lobes paliformes. Septes denticulés, faces latérales des septes granuleuses. Columelle petite, parfois tuberculée. Les polypes sont parfois épanouis de jour, donnant un aspect duveteux à la colonie.

COULEUR

Crème à bronze pâle, le centre des calices apparaissant sombre.

HABITAT

Espèce rencontrée jusqu'à une trentaine de mètres de profondeur, mais préférant les milieux peu profonds (2 à 5 m), souvent turbides, avec des fonds sableux ou vaseux et des herbiers de phanérogames marines à *Thalassia testudinum* (herbe à tortue).

DISTRIBUTION

Espèce occasionnelle à commune en Floride, peu commune aux Bahamas, dans la mer des Caraïbes et le golfe du Mexique.

Solenastrea bournoni : en haut et au milieu, les colonies crème à bronze pâle sont massives et leur surface présente parfois de légers bombements irréguliers ; au milieu, à gauche, les polypiérites de forme circulaire sont légèrement saillants ; au milieu, à droite, les polypes sont généralement épanouis de jour ce qui confère un aspect duveteux à la colonie ; en bas, vue rapprochée montrant les polypiérites légèrement saillants ainsi que les tentacules des polypes épanouis de jour.

Toutes les photos, Romain Ferry

Solenastrea hyades : vue rapprochée montrant les polypiérites à bords saillants.
Nick Hobgood

Corail étoilé bosselé

Solenastrea hyades (Dana, 1846)

LC

CARACTÈRES DISTINCTIFS

Colonies formant des lobes dont la surface porte des renflements irréguliers. Polypiérites à bords saillants, espacés irrégulièrement ; certains se touchent tandis que d'autres sont éloignés d'une distance supérieure à leur diamètre. Polypes généralement épanouis de jour, donnant un aspect duveteux à la colonie.

COULEUR

Jaune brunâtre, parfois crème à bronze pâle ; polypes marron foncé si bien que, sur le vivant, les colonies apparaissent tachetées.

HABITAT

Espèce présente dans tous les types d'habitats récifaux, depuis les zones à forte sédimentation (arrières récifs, lagons, herbiers de phanérogames marines à *Thalassia testudinum*), jusqu'aux tombants, depuis la surface jusqu'à une trentaine de mètres de profondeur.

DISTRIBUTION

Espèce présente dans toute l'aire de distribution géographique couverte par ce guide, occasionnelle à commune en Floride, peu commune à rare ailleurs. Espèce pouvant tolérer des eaux froides (en dessous de 10 °C) et observée jusqu'en Caroline du Nord sur la façade est des États-Unis.

Solenastrea hyades : en haut, les polypes sont parfois épanouis de jour ; à droite, aspect typique d'une colonie.

Ci-dessus et ci-contre, Joaquin Rodrigo Garza Pérez

Autres coraux durs des récifs coralliens
Hydrozoaires

D'autres espèces de Cnidaires ne faisant pas partie de l'ordre des Scléractiniaires ont la faculté de sécréter un squelette calcaire et, de ce fait, participent à l'édification des récifs coralliens. Ces espèces appartiennent au clade des Hydrozoaires qui est éloigné d'un point systématique de celui des Scléractiniaires.

Les Hydrozoaires sont des Cnidaires dont le cycle de vie est généralement caractérisé par une alternance entre une phase polype (forme fixe, asexuée) et une phase méduse (forme libre planctonique, sexuée). Le polype peut être solitaire ou, au contraire, engendrer par bourgeonnement (multiplication asexuée) une colonie. Quelques espèces coloniales d'Hydrozoaires sécrètent un squelette calcaire à rôle protecteur.

Deux familles d'Hydrozoaires sécrétant un squelette calcaire sont bien représentées au niveau des récifs coralliens des Caraïbes : la famille des **Milléporidés**, ou « coraux de feu », comprend plusieurs espèces du genre *Millepora* parmi lesquelles trois sont observées fréquemment par les plongeurs ; la famille des **Stylastéridés**, ou « coraux dentelles », ne comprend qu'une espèce rencontrée à faible profondeur, *Stylaster roseus*.

FAMILLE DES *MILLEPORIDAE* FLEMING, 1828

La famille des Milléporidés est classée dans le clade des *Capitata* au sein des Hydrozoaires. Les espèces faisant partie de ce clade sont caractérisées par la présence de tentacules capités.

Les Milléporidés sont des Cnidaires coloniaux dont les polypes sécrètent un squelette calcaire de forme encroûtante ou dressée. À l'instar des Scléractiniaires, ils possèdent à l'intérieur de leurs cellules endodermiques des zooxanthelles (endosymbiose) facilitant la précipitation du squelette calcaire en présence de lumière.

Au sein des colonies, on distingue deux types de polypes : les **gastrozoïdes**, ou polypes nourriciers, assument les fonctions de nutrition ; très contractiles, ces polypes sont élancés et pourvus de 4 à 7 courts tentacules capités entourant la bouche ; les **dactylozoïdes**, ou polypes protecteurs, assurent la défense de la colonie ; ils sont minces, allongés, dépourvus de bouche et couverts d'un grand nombre de tentacules capités dispersés dotés de batteries de cnidocytes à fort pouvoir urticant d'où leur dénomination de « coraux de feu ».

Les différents polypes de la colonie sont réunis les uns aux autres par un réseau complexe de canaux de **cœnosarque** (tissu vivant) parcourant la masse calcaire. Les polypes sont généralement disposés en **cyclosystèmes** : cinq à neuf dactylozoïdes encerclant un gastrozoïde. Les polypes sont épanouis de jour et de nuit et peuvent se rétracter à l'intérieur du squelette grâce à des pores : **dactylopores** pour les dactylozoïdes et **gastropores** pour les gastrozoïdes. Les gastropores sont de taille plus importante que les dactylopores. Les pores sont distribués sur toute la surface du squelette sauf au niveau du bord de la zone de fixation de la colonie au substrat et des zones de croissance localisées aux extrémités de la colonie. Les pores sont traversés à intervalles réguliers par des plaques horizontales, les ***tabulae***.

La reproduction sexuée entraîne la libération de méduses chez les Milléporidés. Toutes les espèces sont gonochoriques : il existe donc des colonies qui vont libérer des méduses mâles et d'autres des méduses femelles. La reproduction sexuée est saisonnière et se manifeste par l'apparition d'ampoules blanchâtres à la surface des colonies. C'est dans ces cavités spéciales, localisées à l'intérieur du squelette, que se forment les méduses à partir de tubules de cœnosarque. Chaque ampoule contient une méduse en cours de formation. Les ampoules sont tout d'abord recouvertes par des éléments squelettiques (trabécules) ; puis, au cours de la croissance des méduses, il y a formation d'une ouverture centrale et disparition progressive de la couverture squelettique. Après libération des méduses, seule persiste une cavité vide qui se comble ensuite par régénération du squelette de la colonie.

La taille des méduses est comprise entre 500 µm et 1 mm selon les espèces. Elles se présentent sous la forme de cloches dont le pourtour constitue l'ombrelle. Elles ont une durée de vie planctonique brève et sont de constitution simple ; elles sont dépourvues de bouche, de tentacules et d'organes sensoriels, mais possèdent un **velum** (diaphragme musculaire obturant partiellement la cavité sous-ombrellaire), quatre à cinq groupes de **nématocystes** et, selon les espèces, un **canal marginal circulaire** (cependant, il convient de noter que la présence d'un canal marginal circulaire est contestée par certains auteurs). Les méduses s'échappent des ampoules par contraction de l'ombrelle et nagent pendant un bref laps de temps pendant lequel elles libèrent leurs gamètes. Les méduses femelles libèrent de 2 à 5 ovocytes renfermant des zooxanthelles selon les espèces. Les méduses mâles possèdent un seul sac spermatique renfermant les spermatozoïdes. Ce dernier est attaché au manubrium (battant de la cloche). Les spermatozoïdes sont éjectés dans la cavité sous-ombrellaire puis dans l'eau de mer. La fécondation est externe et aboutit à la formation d'une larve planula. La libération des méduses s'accompagne de l'oblitération des ampoules.

Genre *Millepora* Linnæus, 1758

La famille des Milleporidés ne comprend que le genre *Millepora*. Les caractéristiques du genre sont donc celles de la famille (voir ci-dessus). Les Hydrozoaires du genre *Millepora* sont encore appelés « coraux de feu », car ils sont très urticants et « qui s'y frotte s'y pique » ! La brûlure occasionnée lors du contact avec les coraux de feu est provoquée par la décharge des cellules urticantes (cnidocytes) présentes au niveau des tentacules. Chaque cnidocyte représente un minuscule appareil vulnérant de taille inframillimétrique et constitué de deux parties, le **cnidocyte** et le **cnidocil**. Le cnidocyte comprend une capsule et un filament urticant. La **capsule** est une vésicule centrale contenant un liquide incolore et toxique dont l'ouverture est obturée par un opercule. Elle contient le filament urticant qui se présente sous l'aspect d'un tube creux enroulé en spirale à l'intérieur de la capsule. Le cnidocil présent à la surface de la cellule est une structure sensorielle qui déclenche en cas d'effleurement l'ouverture brutale et la dévagination du filament urticant. La sensation de brûlure est généralement de courte durée et ne provoque pas de dégâts sérieux. Chez les personnes les plus sensibles, le contact avec un corail de feu peut entraîner des éruptions cutanées se manifestant généralement par des rougeurs, des démangeaisons et une sensation de brûlure pouvant perdurer quelques jours. Des nausées et des vomissements peuvent apparaître. En cas de contact avec un corail de feu, il ne faut pas laver la plaie à l'eau douce ou avec du savon, car cette action entraîne la décharge d'autres cellules urticantes. En revanche, il convient de saturer la zone touchée de vinaigre, ce qui a pour effet d'immobiliser les cnidocytes non déchargés.

Il est facile de distinguer *in situ* un corail de feu d'un Scléractiniaire. En effet, les colonies généralement aplaties et ramifiées se reconnaissent à leur aspect lisse et à leur coloration jaune pâle, les extrémités des branches ou des lames étant de coloration plus claire. En

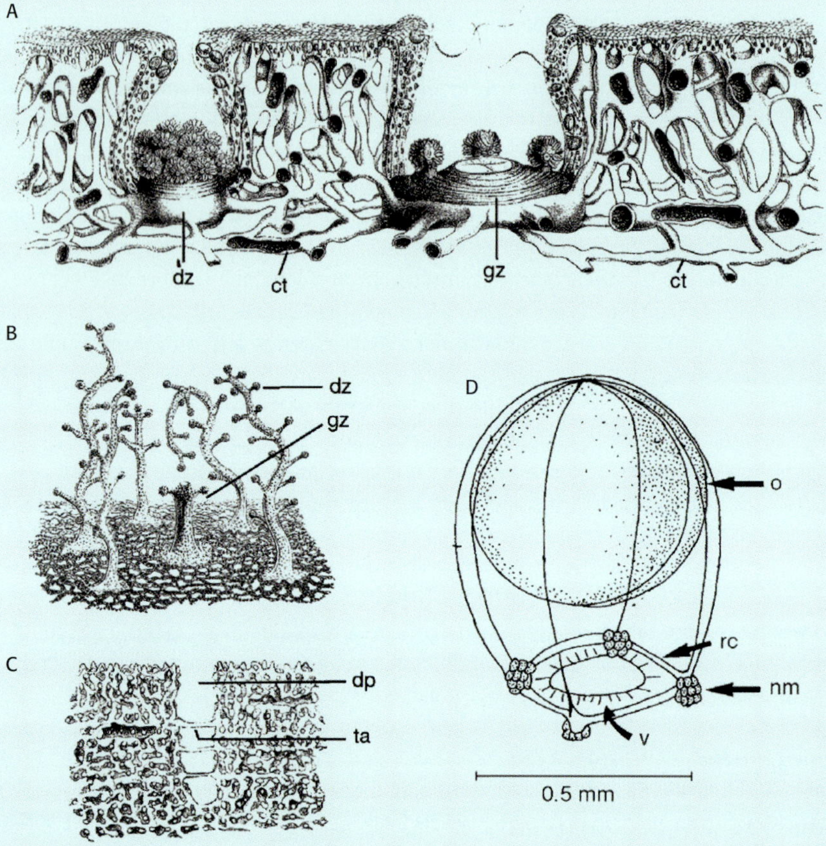

Anatomie et histologie des Hydrozoaires du genre *Millepora* (d'après Moseley, 1880). A : coupe transversale du squelette décalcifié ; B : gastrozoïdes et dactylozoïdes épanouis ; C : coupe transversale du squelette montrant un dactylopore et les tabulae ; D : méduse femelle de *Millepora complanata* (d'après Lewis, 1991).

ct : branche du cœnosteum ; dp : dactylopore ; dz : dactylozoïde ; gz : gastrozoïde ; nm : groupe de nématocystes ; o : ovocyte ; rc : canal circulaire ; ta : *tabulae* ; v : velum.

outre, lorsque l'on observe de plus près les colonies, on distingue très nettement un fin feutrage correspondant aux polypes qui sont épanouis de jour comme de nuit.

La croissance des coraux de feu est rapide et les colonies ont souvent une taille considérable (jusqu'à 1 m de hauteur). Par ailleurs, les coraux de feu peuvent se multiplier de façon asexuée par fragmentation et sont sensibles aux maladies de « bandes » (*Black Band Disease*, *White Band Disease* et *Yellow Blotch Disease* des auteurs anglo-saxons) et au blanchissement ; cependant ils récupèrent facilement et sont parmi les premières espèces à retrouver un aspect normal après un épisode de blanchissement.

De nombreuses espèces animales vivent en association avec les coraux de feu (balanes et autres crustacés, polychètes tubicoles, mollusques gastéropodes, ophiures), bénéficiant d'une protection contre les prédateurs. D'autres perforent leur squelette (polychètes spionidés) ou se nourrissent de leurs tissus : polychètes errants comme *Eurythoe complanata* et *Hermodice carunculata*, quelques espèces de poissons corallivores tels le poisson demoiselle *Microspathodon chrysurus*, des Balistidés, des Scaridés, *Alutera scripta* et *Cantherines macrocerus*, et quelques gastéropodes comme *Coralliophila abbreviata*. En outre, le squelette des colonies mortes est rapidement colonisé par des macro-organismes marins, végétaux ou animaux : algues, Hydrozoaires, ascidies et éponges. Enfin, de nombreuses espèces d'algues colonisent les lésions présentes à la surface des colonies, puis recouvrent progressivement les colonies provoquant l'attachement et/ou la pénétration d'autres organismes pouvant, à terme, conduire à l'affaiblissement ou à la destruction des colonies.

À l'exception des formes typiques, il existe une forte plasticité phénotypique chez les Milleporidés, ce qui complique fortement l'identification des espèces. Il est très difficile, voire impossible, d'identifier *in situ* les différentes espèces lorsque les colonies sont juvéniles et de forme encroûtante. Les études modernes de phylogénie moléculaire devraient permettre de mieux différencier les différentes espèces.

Les coraux de feu sont présents dans toutes les mers tropicales, généralement depuis la surface jusqu'à 40 m de profondeur, où ils constituent un composant régulier des récifs coralliens ; cependant, leur recouvrement dépasse rarement plus de 10 % de la couverture corallienne. Du fait du réchauffement climatique, l'aire de répartition géographique s'étend progressivement et on observe dorénavant la présence de colonies dans les zones subtropicales de l'océan Atlantique (îles Canaries).

À l'heure actuelle, on reconnaît l'existence de 19 espèces du genre *Millepora*, douze sont présentes dans l'Indo-Pacifique et sept dans l'Atlantique, dont quatre dans la mer des Caraïbes. Sur ces quatre espèces, trois sont couramment observées en milieu récifal par les plongeurs dans les Caraïbes, *Millepora alcicornis*, *M. complanata* et *M. squarrosa*. Une quatrième espèce, *M. striata*, est moins commune et rarement observée par les plongeurs.

FAMILLE DES *STYLASTERIDAE* GRAY, 1847

La famille des Stylastéridés est classée dans le clade des *Filifera* au sein des Hydrozoaires. Les espèces faisant partie de ce clade sont caractérisées par la présence de tentacules filiformes. Ce sont des Cnidaires coloniaux dont les polypes sécrètent un squelette calcaire. Ce dernier, fragile, se présente le plus souvent sous la forme de branches plus ou moins épaisses parfois anastomosées disposées généralement dans un seul plan, faisant penser à de la dentelle d'où leur nom commun de « coraux dentelles ». Le squelette est généralement pigmenté en orange, rouge, rose, bleu ou violet.

Au sein des colonies, on distingue **gastrozoïdes** et **dactylozoïdes**, comme chez les Milléporidés. Les polypes sont soit distribués de façon irrégulière à la surface de la colonie, soit limités à certaines régions de la colonie, soit disposés en **cyclosystèmes** : plusieurs dactylozoïdes entourent un gastrozoïde. On distingue généralement au fond de chaque pore une longue aiguille calcaire centrale le **style** : les **dactylostyles** sont généralement beaucoup plus petits que les **gastrostyles**.

Contrairement à ce qui se passe chez les Milléporidés, la reproduction sexuée n'entraîne pas, chez les Stylastéridés, la libération de méduses car ces dernières, appelées **gonophores**, sont imparfaitement développées et restent fixées à la colonie : très réduits, ils prennent alors le nom de **cryptomédusoïdes** et sont localisés à l'intérieur du squelette dans des chambres spécialisées, les **ampoules**. Toutes les espèces sont **gonochoriques**, à l'exception de *Stylaster roseus*, mais il faut préciser que, bien que les colonies de ce dernier soient hermaphrodites, chaque ampoule renferme exclusivement un gonophore mâle ou femelle. Le dimorphisme sexuel est généralement accentué au niveau du squelette des ampoules. Les spermatozoïdes produits par les colonies mâles sont libérés dans la colonne d'eau et viennent féconder les gamètes femelles dans les ampoules où se déroule le développement embryonnaire jusqu'à un stade avancé. Les larves *planula* relativement âgées s'échappent des ampoules et n'assurent qu'une dissémination restreinte.

À la différence des coraux de feu, les Stylastéridés ne contiennent généralement pas de zooxanthelles et de batteries de cellules très urticantes. Ils ne sont donc pas considérés comme dangereux, bien qu'ils puissent irriter la peau des personnes sensibles.

On connaît à l'heure actuelle environ 250 espèces de Stylastéridés. On en rencontre dans toutes les mers du monde, depuis le milieu intertidal (qui découvre à marée basse) jusqu'à

2800 m de profondeur mais préférentiellement entre 200 et 700 m. 90 % des espèces sont présentes à une profondeur supérieure à 50 m. Les espèces tropicales rencontrées en milieu peu profond appartiennent aux genres *Stylaster* et *Distichopora*. La plupart de ces espèces ont une forme arborescente ou en éventail mesurant de 5 à 25 cm de hauteur et ont des couleurs vives. Ces espèces sont abondantes dans l'Indo-Pacifique, mais une seule espèce, *Stylaster roseus*, est présente dans les Caraïbes.

Genre *Stylaster* Gray, 1831

Gastrozoïdes et dactylozoïdes arrangés en cyclosystèmes distincts. Présence de dactylostyles et de gastrostyles.

Le genre *Stylaster* est généralement séparé en trois groupes. On connaît environ 80 espèces du genre *Stylaster* parmi lesquelles une seule espèce, *S. roseus* est présente en milieu peu profond dans les Caraïbes. Cette espèce a été rattachée au groupe C (« *Stylaster* ») *sensu* Cairns, 1983, qui se définit comme suit :

Colonies délicates en forme d'éventail. Branches fines se terminant en zigzag caractéristique. Branches aplaties de section transversale elliptique avec parfois des anastomoses. Cœnosteum de couleur orange, beige, pourpre ou blanc et de texture variable. Cyclosystèmes disposés sous forme de deux rangées présentes sur les bords latéraux des branches (disposition sympodiale). Ces rangées peuvent être déplacées sur les bords antéro-latéraux des branches de plus fort diamètre, mais les cyclosystèmes ne sont pas présents sur les faces antérieures ou postérieures des branches. Cyclosystèmes généralement en position légèrement relevée par rapport au cœnosteum. Gastrostyles lancéolés et crénelés. Gastropore généralement entouré par une couronne de 10 à 15 dactylopores plus petits. Dactylostyles rudimentaires. Ampoules larges et superficielles parfois crénelées.

Millepora alcicornis : aspect typique d'une colonie.

Corail de feu ramifié

***Millepora alcicornis* Linnæus, 1758**

LC

CARACTÈRES DISTINCTIFS

Colonies encroûtantes ou branchues pouvant dépasser 1 m de hauteur. Les colonies de forme encroûtante épousent les contours du substrat et peuvent former une croûte recouvrant les gorgones mortes. Les branches fines (diamètre compris entre 2 et 8 mm) et délicates des colonies arborescentes sont généralement de section cylindrique. L'arborisation s'effectue le plus souvent dans un seul plan, les branches s'anastomosant fréquemment, mais, parfois, l'arborisation a lieu dans toutes les directions de l'espace. Les colonies observées en milieu profond ont généralement une base encroûtante alors que celles rencontrées près de la surface en sont dépourvues. Surface de la colonie lisse. Large gastropore central (diamètre compris entre 0,15 et 0,30 mm) entouré par une couronne de 5 à 7 petits dactylopores (diamètre compris entre 0,06 et 0,17 mm). Lorsque les polypes sont épanouis, ils apparaissent comme un fin feutrage à la surface de la colonie.

COULEUR

Jaune orangé à marron, les extrémités des branches sont de couleur blanchâtre.

HABITAT

Espèce rencontrée dans la plupart des environnements récifaux, présente depuis la surface jusqu'à 50 m de profondeur maximale. C'est l'espèce du genre *Millepora* la plus commune en dessous de 10 m de profondeur. Elle se rencontre également dans les herbiers de phanérogames marines à *Thalassia testudinum* (herbe à tortue) près de la surface.

DISTRIBUTION

Espèce commune à abondante présente dans toute l'aire de répartition géographique couverte par ce guide, mais également aux Bermudes et le long des côtes tropicales du Brésil et de l'Afrique de l'Ouest. De plus, elle a été répertoriée au niveau de l'île de l'Ascension, des îles du Cap-Vert et des îles Canaries où elle a été introduite récemment (Clemente *et al.*, 2011).

Millepora alcicornis : en haut, colonie recouvrant une gorgone morte. En bas, *M. alcicornis* est parfois associé avec le corail dentelle *Stylaster roseus*.

Millepora alcicornis : aspect typique d'une colonie.

Millepora complanata : aspect typique d'une colonie.

Corail de feu en plaques

Millepora complanata **Lamarck, 1816**

LC

CARACTÈRES DISTINCTIFS

Colonies formant des plaques ou des lames verticales minces qui se dressent à partir d'une base encroûtante et faisant penser à des feuilles. Plaques généralement orientées face aux courants marins dominants. Bords externes des plaques formant de multiples extensions ou de petites branches. Surface de la colonie lisse à rugeuse. C'est l'espèce de *Millepora* des Caraïbes dont les diamètres des gastropores (0,22 à 0,36 mm) et des dactylopores (0,12 à 0,24 mm) sont les plus importants. Lorsque les polypes sont épanouis, ils apparaissent comme un fin feutrage à la surface de la colonie.

COULEUR

Variable, du bronze au jaune orangé et au marron. Bord externe des colonies blanchâtre.

HABITAT

Espèce observée à faible profondeur, généralement en haut des récifs (crête récifale) dans la zone de déferlement des vagues jusqu'à une dizaine de mètres de profondeur. La face plane des colonies est le plus souvent orientée dans la direction des courants marins dominants. Espèce capable de résister à l'exondation pendant quelques heures et préférant les zones bien éclairées du récif.

Millepora complanata : colonie sur fond sableux.

Millepora complanata : colonie associée avec l'annélide polychète *Spirobranchus giganteus* (ver arbre de Noël).

DISTRIBUTION

Espèce commune à abondante présente dans toute l'aire de répartition géographique couverte par ce guide.

Millepora squarrosa : aspect d'une colonie.
Romain Ferry

Corail de feu boîte

***Millepora squarrosa* Lamarck, 1816**

LC

CARACTÈRES DISTINCTIFS

Colonies juvéniles formant des masses irrégulières connectées avec des bords lisses et arrondis. Colonies adultes constituant des plaques verticales épaisses peu élevées fusionnant généralement pour constituer des structures en forme de « nid d'abeilles » et émergeant d'une base encroûtante. Colonies dépassant rarement plus de 30 cm de diamètre. Surface de la colonie lisse, mais irrégulière en raison de la présence de crêtes et de tubercules. Diamètre des gastropores beaucoup plus grands (diamètre compris entre 0,20 et 0,30 mm) que celui des dactylopores (diamètre compris entre 0,07 et 0,15 mm). Densité de pores (dactylopores et gastropores) plus importante que chez les autres espèces du genre *Millepora* présentes dans les Caraïbes. Lorsque les polypes sont épanouis ils apparaissent comme un fin feutrage à la surface de la colonie.

COULEUR

Violacé, rosâtre, jaunâtre ou bronze. Bord externe des colonies blanchâtre.

HABITAT

Espèce rencontrée dans la plupart des environnements récifaux, mais préférant la zone de déferlement des vagues depuis la surface jusqu'à une vingtaine de mètres de profondeur ; plus commune entre 3 et 10 m de fond.

Millepora squarrosa : les colonies constituent des plaques épaisses fusionnant généralement pour constituer des structures en forme de « nid d'abeilles ».

Romain Ferry

DISTRIBUTION

Espèce dont la distribution géographique, imparfaitement connue, serait restreinte à la partie sud-orientale de la mer des Caraïbes. Si vous observez cette espèce en dehors de cette région, vos observations seront les bienvenues, photos à l'appui.

Millepora striata : aspect d'une colonie.
Romain Ferry

Corail de feu strié

***Millepora striata* Duchassaing & Michelotti, 1864**

EN

CARACTÈRES DISTINCTIFS

Colonies formant des plaques fines à bords très tranchants faiblement connectées. Surface de la colonie très irrégulière du fait de la présence de plis longitudinaux. Diamètre des gastropores compris entre 0,15 et 0,25 mm et des dactylopores entre 0,08 et 0,18 mm. Cette espèce peut encroûter les gorgones à l'image de *M. alcicornis*. Lorsque les polypes sont épanouis, ils apparaissent comme un fin feutrage à la surface de la colonie.

COULEUR

Variable, du bronze au jaune orangé et au marron. Bord externe des colonies blanchâtre.

HABITAT

Espèce peu connue, observée à faible profondeur généralement depuis la surface jusqu'à une quinzaine de mètres de profondeur, mais dont l'habitat reste à décrire avec précision.

DISTRIBUTION

Espèce peu commune, rarement observée par les plongeurs, dont l'aire de répartition géographique n'est pas connue avec précision. Pour l'instant sa présence semble limitée aux côtes du Panama, de Colombie, du Venezuela, de Guadeloupe, de Martinique (photographies ci-dessus) et du Belize. Si vous observez cette espèce en dehors de ces zones vos

Millepora striata : les colonies constituent des plaques minces à bords très tranchants faiblement connectées.

Romain Ferry

observations seront les bienvenues, photos à l'appui. Cette espèce est classée comme espèce en danger selon les critères définis par la liste rouge de l'UICN car ses populations ont diminué de 50 % pendant les 30 dernières années.

CONSIDÉRATIONS TAXONOMIQUES

Lors d'études récentes (Squiers *et al.*, 2011 ; Tepper *et al.*, 2012) réalisées le long des côtes de l'île de San Salvador au Bahamas, des formes intermédiaires entre *M. alcicornis* et *M. complanata* ont été observées, ce qui a conduit à réexaminer ce complexe d'espèces. Il existe une démarcation nette entre les deux formes de croissance selon la profondeur au niveau de deux sites d'étude, alors qu'au niveau d'un troisième site un mélange des formes de croissance a été observé. Une analyse morphométrique a montré une discrimination entre les formes caractéristiques de *M. alcicornis* et *M. complanata* et les formes intermédiaires.

Cependant, une analyse moléculaire a révélé la présence de deux clades distincts contenant chacun des individus appartenant aux deux espèces traditionnellement reconnues et des individus de forme intermédiaire. En se basant sur ces données, il semblerait donc qu'il existerait au Bahamas deux espèces cryptiques montrant une forte plasticité phénotypique.

Une autre étude très récente (Ruiz-Ramos *et al.*, 2014), basée sur des données morphologiques et moléculaires, a montré que l'on peut différencier au plan morphologique les formes branchue et encroûtante de *M. alcicornis* et *M. complanata*, mais pas au plan génétique. Ces données suggèrent donc qu'il n'existerait dans les Caraïbes que trois espèces du genre *Millepora* : *M. squarrosa*, *M. striata* et un complexe d'espèces *M. alcicornis-M. complanata*.

Stylaster roseus : colonie sous un surplomb.

Corail dentelle rose

Stylaster roseus **(Pallas, 1766)**

NE

CARACTÈRES DISTINCTIFS

Petites colonies branchues mesurant rarement plus de 10 cm de hauteur et dont les ramifications s'étendent dans un seul plan. Colonies fragiles et friables. Branches de section légèrement elliptique s'amincissant en partant de la base vers les extrémités de la colonie. Disposition des cyclosystèmes variable selon les colonies : chez certaines colonies, les cyclosystèmes sont arrangés de façon régulière sur les bords latéraux des branches, chez d'autres ils sont disposés au hasard ; d'autres encore présentent les deux types de disposition sur différentes branches de la même colonie. Les colonies plus arborescentes ont tendance à avoir un arrangement des cyclosystèmes plus irrégulier. 5 à 15 dactylopores par cyclosystème. Cyclosystèmes de forme ronde à elliptique mesurant entre 0,75 et 1 mm de diamètre. Gastrostyles lancéolés et fortement crénelés. Dactylostyles rudimentaires. Ampoules proéminentes mesurant 0,5 à 0,7 mm de diamètre avec une fine surface poreuse pouvant être lisse ou verruqueuse. Présence de quelques dactylozoïdes isolés.

COULEUR

Base de la colonie lavande ou pourpre, extrémités des branches plus pâles et généralement roses ou blanches. Observation parfois de rares colonies totalement blanches. Squelette restant coloré après la mort de l'animal.

Stylaster roseus : colonie à l'entrée d'une petite cavité

HABITAT

Espèce sciaphile, dépourvue de zooxanthelles, fuyant la lumière et recherchant les zones peu lumineuses des récifs. Espèce rencontrée depuis la surface jusqu'à une trentaine de mètres de profondeur, mais plus commune entre 0,5 et 4 m de fond, dans les crevasses, sous les surplombs ou à l'entrée des grottes sous-marines. En milieu plus profond et dans les eaux turbides, on peut observer cette espèce fixée à la surface des substrats durs, la face plane des colonies étant généralement orientée dans la direction des courants marins dominants. Espèce parfois associée avec le corail de feu *Millepora alcicornis*.

DISTRIBUTION

Espèce commune présente dans toute l'aire de répartition géographique couverte par ce guide. Espèce également présente le long des côtes tropicales du Brésil.

Stylaster roseus est parfois associé avec le corail de feu *Millepora alcicornis*.

Annexes

Partie 3

Acropora palmata.

Liste des espèces décrites dans ce guide

L'astérisque (*) indique les espèces dépourvues d'algues symbiotiques.

CLASSE ANTHOZOAIRES EHRENBERG, 1834

Sous-classe Hexacoralliaires Haeckel, 1896

Ordre Scléractiniaires Bourne, 1900

Sous-ordre *Refertina* Okubo, 2016

Famille *Acroporidae* Verrill, 1902

Acropora cervicornis (Lamarck, 1816)
Acropora palmata (Lamarck, 1816)
Acropora prolifera (Lamarck, 1816)

Famille *Agariciidae* Gray, 1847

Agaricia agaricites (Linnæus, 1758)
Agaricia agaricites forme *agaricites* (Linnæus, 1758)
Agaricia agaricites forme *carinata* Wells, 1973
Agaricia agaricites forme *danai* (Milne Edwards, 1860)
Agaricia agaricites forme *purpurea* Wells, 1973
Agaricia fragilis Dana, 1848
Agaricia fragilis forme *contracta* Wells, 1973
Agaricia fragilis forme *fragilis* (Dana, 1846)
Agaricia grahamae Wells, 1973
Agaricia humilis Verrill, 1902
Agaricia lamarcki Milne Edwards & Haime, 1851
Agaricia tenuifolia Dana, 1848
Agaricia undata (Ellis & Solander, 1786)
Helioseris cucullata (Ellis & Solander, 1786)
Leptoseris cailleti (Duchassaing & Michelotti, 1864)

Famille *Astrocoeniidae* Koby, 1890

Stephanocoenia intersepta (Esper, 1795)

Famille *Dendrophylliidae* Gray, 1847

*Tubastraea coccinea** Lesson, 1829
*Tubastraea micranthus** (Ehrenberg, 1834)

Famille *Poritidae* Gray, 1842

Porites astreoides Lamarck, 1816
Porites branneri Rathbun, 1888
Porites colonensis Zlatarski, 1990
Porites divaricata Le Sueur, 1820
Porites furcata Lamarck, 1816
Porites porites (Pallas, 1766)

Famille *Siderastreidae* Vaughan & Wells, 1943

Siderastrea radians (Pallas, 1766)
Siderastrea siderea (Ellis & Solander, 1786)

Sous-ordre *Vacatina* Okubo, 2016

Famille *Meandrinidae* Gray, 1847

Dendrogyra cylindrus Ehrenberg, 1834
Dichocoenia stokesii forme *stellaris* Milne Edwards & Haime, 1848
Dichocoenia stokesii forme *stokesii* Milne Edwards & Haime, 1848
Eusmilia fastigiata forme *fastigiata* (Pallas, 1766)
Eusmilia fastigiata forme *flabellata* Wells, 1973
Meandrina danae (Milne Edwards & Haime, 1848)
Meandrina jacksoni Weil & Pinzón, 2011
Meandrina meandrites (Linnæus, 1758)

Famille des *Merulinidae* Verrill, 1865

Orbicella annularis (Ellis & Solander, 1786)
Orbicella faveolata (Ellis & Solander, 1786)
Orbicella franksi (Gregory, 1895)

Famille des *Montastraeidae* Yabe & Sugiyama, 1941

Montastraea cavernosa (Linnæus, 1767)

Famille *Mussidae* Ortmann, 1890

Sous-famille des *Faviinae* Milne Edwards & Haime, 1857

Colpophyllia natans forme *natans* (Houttuyn, 1772)
Colpophyllia natans forme *amaranthus* (O.F. Müller, 1775)
Colpophyllia natans forme *breviserialis* (Milne Edwards & Haime, 1849)
Diploria labyrinthiformis (Linnæus, 1758)
Favia fragum (Esper, 1795)
Manicina areolata forme *areolata* (Linnæus, 1758)
Manicina areolata forme *mayori* Wells, 1936
Pseudodiploria clivosa (Ellis & Solander, 1786)
Pseudodiploria strigosa (Dana, 1846)

Sous-Famille des *Mussinae* Ortmann, 1890

Isophyllia rigida (Dana, 1846)

Isophyllia sinuosa forme *sinuosa* (Ellis & Solander, 1786)
Isophyllia sinuosa forme *multiflora* (Verrill, 1902)
Mussa angulosa (Pallas, 1766)
Mycetophyllia aliciae Wells, 1973
Mycetophyllia danaana Milne Edwards & Haime, 1849
Mycetophyllia ferox Wells, 1973
Mycetophyllia lamarckiana Milne Edwards & Haime, 1848
Mycetophyllia reesi Wells, 1973
Scolymia cubensis (Milne-Edwards & Haime, 1848)
Scolymia lacera (Pallas, 1766)
Scolymia wellsii Laborel, 1967

Famille *Oculinidae* Gray, 1847
Oculina diffusa Lamarck, 1816

Famille *Pocilloporidae* Gray, 1840
Madracis auretenra Locke, Weil & Coates, 2007
Madracis carmabi Vermeij, Diekmann & Bak, 2003
Madracis decactis (Lyman, 1859)
Madracis formosa Wells, 1973
Madracis pharensis forme *pharensis** (Heller, 1868)
Madracis pharensis forme *luciphila* Wells, 1973
Madracis senaria Wells, 1973

INCERTAE SEDIS

Cladocora arbuscula (Le Sueur, 1820)
Solenastrea bournoni Milne Edwards & Haime, 1849
Solenastrea hyades (Dana, 1846)

CLASSE HYDROZOAIRES OWEN, 1843

Ordre *Anthoathecata* Cornelius, 1992

Famille *Milleporidae* Fleming, 1828
Millepora alcicornis Linnæus, 1758
Millepora complanata Lamarck, 1816
Millepora squarrosa Lamarck, 1816
Millepora striata Duchassaing & Michelotti, 1864

Famille *Stylasteridae* Gray, 1847
*Stylaster roseus** (Pallas, 1766)

Répartition géographique des espèce natives citées dans ce guide

Espèces	Floride	Golfe du Mexique	Bahamas	Mer des Caraïbes	Bermudes	Brésil	Afrique de l'Ouest
REFERTINA							
ACROPORIDAE							
Acropora cervicornis	X	X	X	X	–	–	–
Acropora palmata	X	X	X	X	–	–	–
Acropora prolifera	X	X	X	X	–	–	–
AGARICIDAE							
Agaricia agaricites	X	X	X	X	–	X	–
Agaricia fragilis	X	X	X	X	X	–	–
Agaricia grahamae	X	X	X	X	–	–	–
Agaricia humilis	X	X	X	X	–	–	–
Agaricia lamarcki	X	X	X	X	–	–	–
Agaricia tenuifolia	–	X	X	X	–	–	–
Agaricia undata	–	X	–	X	–	–	–
Helioseris cucullata	X	X	X	X	–	–	–
Leptoseris cailleti	–	–	–	X	–	–	–
ASTROCOENIIDAE							
Stephanocoenia intersepta	X	X	X	X	X	X	–
PORITIDAE							
Porites astreoides	X	X	X	X	X	X	X
Porites branneri	X	X	X	X	–	X	–
Porites colonensis	–	–	X	X	–	–	–
Porites divaricata	X	X	X	X	–	–	–
Porites furcata	X	X	X	X	X	–	–
Porites porites	X	X	X	X	X	–	X
SIDERASTREIDAE							
Siderastrea radians	X	X	X	X	X	X	X
Siderastrea siderea	X	X	X	X	X	X	X
VACATINA							
MEANDRINIDAE							
Dendrogyra cylindrus	X	X	X	X	–	–	–
Dichocoenia stokesii	X	X	X	X	X	–	–
Eusmilia fastigiata	X	X	X	X	?	–	–
Meandrina danae	–	–	–	X	–	–	–
Meandrina jacksoni	–	–	X	X	–	–	–
Meandrina meandrites	X	X	X	X	X	–	–

Espèces	Floride	Golfe du Mexique	Bahamas	Mer des Caraïbes	Bermudes	Brésil	Afrique de l'Ouest
Merulinidae							
Orbicella annularis	X	X	X	X	–	–	–
Orbicella faveolata	X	X	X	X	–	–	–
Orbicella franksi	X	X	X	X	X	–	–
Montastraeidae							
Montastrea cavernosa	X	X	X	X	X	X	X
Mussidae							
Faviinae							
Colpophyllia natans	X	X	X	X	–	–	–
Diploria labyrinthiformis	X	X	X	X	X	–	–
Favia fragum	X	X	X	X	X	–	X
Manicina areolata	X	X	X	X	?	–	–
Pseudodiploria clivosa	X	X	X	X	?	–	–
Pseudodiploria strigosa	X	X	X	X	X	–	–
Mussinae							
Isophyllia rigida	X	X	X	X	?	–	–
Isophyllia sinuosa	X	X	X	X	X	–	–
Mussa angulosa	X	X	X	X	X	–	–
Mycetophyllia aliciae	X	X	X	X	–	–	–
Mycetophyllia danaana	X	X	X	X	–	–	–
Mycetophyllia ferox	X	X	X	X	–	–	–
Mycetophyllia lamarckiana	X	X	X	X	?	–	–
Mycetophyllia reesi	–	–	X	X	–	–	–
Scolymia cubensis	X	X	X	X	X	X	–
Scolymia lacera	X	X	X	X	–	–	–
Scolymia wellsii	X	X	X	X	–	X	–
Oculinidae							
Oculina diffusa	X	X	X	X	X	–	–
Pocilloporidae							
Madracis auretenra	X	X	X	X	–	–	–
Madracis carmabi	–	–	–	X	X	–	–
Madracis decactis	X	X	X	X	X	X	X
Madracis formosa	X	X	X	X	–	–	–
Madracis pharensis	X	X	X	X	X	X	X
INCERTAE SEDIS							
Cladocora arbuscula	X	X	X	X	–	–	–
Solenastrea bournoni	X	X	X	X	–	–	–
Solenastrea hyades	X	X	X	X	–	–	–
HYDROZOAIRES							
Milleporidae							
Millepora alcicornis	X	X	X	X	X	X	X
Millepora complanata	X	X	X	X	–	–	–
Millepora squarrosa	–	–	–	X	–	–	–
Millepora striata	–	–	–	X	–	–	–
Stylasteridae							
*Stylaster roseus**							

*: espèce dépourvue d'algues symbiotiques. X: espèce présente; –: espèce absente; ? présence douteuse ou à confirmer basée sur des archives historiques mais sans échantillons déposés dans un ou des musées (Locke *et al.*, 2013).

Distribution bathymétrique des espèces natives décrites dans ce guide et de leurs écotypes

Espèces	Profondeur minimale (m)	Profondeur maximale (m)	Profondeur optimale (m)
REFERTINA			
ACROPORIDAE			
Acropora cervicornis	0	50	15-30
Acropora palmata	0	20	< 6
Acropora prolifera	0	30	7
AGARICIDAE			
Agaricia agaricites f. *agaricites*	3	45	7-20
Agaricia agaricites f. *carinata*	1	40	8-30
Agaricia agaricites f. *danai*	1	30	5-25
Agaricia agaricites f. *purpurea*	1	75	3-45
Agaricia fragilis f. *contracta*	10	102	20-40
Agaricia fragilis f. *fragilis*	3	40	7-30
Agaricia grahamae	20	115	30-50
Agaricia humilis	1	70	10-40
Agaricia lamarcki	10	80	30-40
Agaricia tenuifolia	1	70	5-10
Agaricia undata	16	90	35-70
Helioseris cucullata	3	108	8-30
Leptoseris cailleti	30	95	> 33
ASTROCOENIIDAE			
Stephanocoenia intersepta	1	95	3-50
PORITIDAE			
Porites astreoides	0	70	5-20
Porites branneri	0	12	< 3
Porites colonensis	2	25	5-15
Porites divaricata	0	75	0,5-3
Porites furcata	0	53	< 15
Porites porites	0,5	110	< 15
SIDERASTREIDAE			
Siderastrea radians	0	40	< 3
Siderastrea siderea	0,5	70	5-15
VACATINA			
MEANDRINIDAE			
Dendrogyra cylindrus	1	25	< 10
Dichocoenia stokesii f. *stellaris*	2	22	< 15
Dichocoenia stokesii f. *stokesii*	2	72	5-20
Eusmilia fastigiata f. *fastigiata*	1	65	3-30
Eusmilia fastigiata f. *flabellata*	10	30	15-25
Meandrina danae	0	61	15-30
Meandrina jacksoni	3	35	5-20
Meandrina meandrites	0	80	8-25

Espèces	Profondeur minimale (m)	Profondeur maximale (m)	Profondeur optimale (m)
Merulinidae			
Orbicella annularis	0	110	3-45
Orbicella faveolata	0,5	41	10-20
Orbicella franksi	5	50	15-30
Montastraeidae			
Montastrea cavernosa	0	113	10-30
Mussidae			
Faviinae			
Colpophyllia natans f. *amaranthus*	1	15	< 30
Colpophyllia natans f. *breviserialis*	5	30	< 30
Colpophyllia natans f. *natans*	0,5	55	2-20
Diploria labyrinthiformis	0	110	2-15
Favia fragum	0	40	< 5
Manicina areolata f. *areolata*	0	43	2-25
Manicina areolata f. *mayori*	0,5	65	< 10
Pseudodiploria clivosa	0	40	< 3
Pseudodiploria strigosa	0	47	3-10
Mussinae			
Isophyllia rigida	1	41	< 10
Isophyllia sinuosa	1	35	< 15
Mussa angulosa	1,5	59	10-30
Mycetophyllia aliciae	10	73	< 30
Mycetophyllia danaana	3	55	15-25
Mycetophyllia ferox	8	40	10-20
Mycetophyllia lamarckiana	1	75	< 20
Mycetophyllia reesi	20	76	< 50
Scolymia cubensis	10	92	15-25
Scolymia lacera	15	80	30-60
Scolymia wellsii	10	100	15-25
Oculinidae			
Oculina diffusa	0	30	0-3
Pocilloporidae			
Madracis auretenra	1	40	3-40
Madracis carmabi	15	41	20-40
Madracis decactis	1	98	5-40
Madracis formosa	15	85	20-50
Madracis pharensis f. *pharensis**	5	133	10-40
Madracis pharensis f. *luciphila*	2	99	5-50
Madracis senaria	12	60	< 20
INCERTAE SEDIS			
Cladocora arbuscula	0,5	15	2-5
Solenastrea bournoni	0,5	35	< 10
Solenastrea hyades	1	23	< 10
HYDROZOAIRES			
Milleporidae			
Millepora alcicornis	0	50	< 20
Millepora complanata	0	10	< 10
Millepora squarrosa	0	20	< 10
Millepora striata	0	15	< 10
Stylasteridae			
*Stylaster roseus**	0	30	0,5-4

*: espèce dépourvue d'algues symbiotiques.

Classification des espèces natives décrites dans ce guide selon la liste rouge de l'UICN*

Espèces	Catégorie de l'UICN
REFERTINA	
ACROPORIDAE	
Acropora cervicornis	En danger critique d'extinction
Acropora palmata	En danger critique d'extinction
Acropora prolifera	Non évalué
AGARICIDAE	
Agaricia agaricites	Préoccupation mineure
Agaricia fragilis	Données insuffisantes
Agaricia grahamae	Préoccupation mineure
Agaricia humilis	Préoccupation mineure
Agaricia lamarcki	Espèce vulnérable
Agaricia tenuifolia	Espèce quasi-menacée
Agaricia undata	Données insuffisantes
Helioseris cucullata	Préoccupation mineure
Leptoseris cailleti	Préoccupation mineure
ASTROCOENIIDAE	
Stephanocoenia intersepta	Préoccupation mineure
PORITIDAE	
Porites astreoides	Préoccupation mineure
Porites branneri	Espèce quasi-menacée
Porites colonensis	Données insuffisantes
Porites divaricata	Préoccupation mineure
Porites furcata	Préoccupation mineure
Porites porites	Préoccupation mineure
SIDERASTREIDAE	
Siderastrea radians	Préoccupation mineure
Siderastrea siderea	Préoccupation mineure
VACATINA	
MEANDRINIDAE	
Dendrogyra cylindrus	Espèce vulnérable
Dichocoenia stokesii	Espèce vulnérable
Eusmilia fastigiata	Préoccupation mineure
Meandrina danae	Non évalué
Meandrina jacksoni	Non évalué
Meandrina meandrites	Préoccupation mineure

*Union internationale pour la conservation de la nature. *www.uicn.fr*

Espèces	Catégorie de l'UICN
Merulinidae	
Orbicella annularis	Espèce en danger
Orbicella faveolata	Espèce en danger
Orbicella franksi	Espèce vulnérable
Montastraeidae	
Montastrea cavernosa	Préoccupation mineure
Mussidae	
Faviinae	
Colpophyllia natans	Préoccupation mineure
Diploria labyrinthiformis	Préoccupation mineure
Favia fragum	Préoccupation mineure
Manicina areolata	Préoccupation mineure
Pseudodiploria clivosa	Préoccupation mineure
Pseudodiploria strigosa	Préoccupation mineure
Mussinae	
Isophyllia rigida	Préoccupation mineure
Isophyllia sinuosa	Préoccupation mineure
Mussa angulosa	Préoccupation mineure
Mycetophyllia aliciae	Préoccupation mineure
Mycetophyllia danaana	Préoccupation mineure
Mycetophyllia ferox	Espèce vulnérable
Mycetophyllia lamarckiana	Non évalué
Mycetophyllia reesi	Données insuffisantes
Scolymia cubensis	Préoccupation mineure
Scolymia lacera	Préoccupation mineure
Scolymia wellsii	Données insuffisantes
Oculinidae	
Oculina diffusa	Préoccupation mineure
Pocilloporidae	
Madracis auretenra	Préoccupation mineure
Madracis carmabi	Données insuffisantes
Madracis decactis	Préoccupation mineure
Madracis formosa	Préoccupation mineure
Madracis pharensis	Préoccupation mineure
INCERTAE SEDIS	
Cladocora arbuscula	Préoccupation mineure
Solenastrea bournoni	Préoccupation mineure
Solenastrea hyades	Préoccupation mineure
HYDROZOAIRES	
Milleporidae	
Millepora alcicornis	Préoccupation mineure
Millepora complanata	Préoccupation mineure
Millepora squarrosa	Préoccupation mineure
Millepora striata	Espèce en danger
Stylasteridae	
*Stylaster roseus**	Non évalué

Arrêté du 25 avril 2017 Liste des coraux protégés en Guadeloupe, en Martinique et à Saint-Martin

ARRÊTÉ DU 25 AVRIL 2017 FIXANT LA LISTE DES CORAUX PROTÉGÉS EN GUADELOUPE, EN MARTINIQUE ET À SAINT-MARTIN ET LES MODALITÉS DE LEUR PROTECTION.

NOR : DEVL1710040A
ELI : https://www.legifrance.gouv.fr/eli/arrete/2017/4/25/DEVL1710040A/jo/texte

La ministre de l'Environnement, de l'Énergie et de la Mer, chargée des relations internationales sur le climat,
Vu le code de l'environnement, notamment ses articles L. 411-1, L. 411-2 et R. 411-1 à R. 411-14 ;
Vu l'ordonnance n° 2016-1687 du 8 décembre 2016 relative aux espaces maritimes relevant de la souveraineté ou de la juridiction de la République française ;
Vu la convention pour la protection et la mise en valeur du milieu marin de la région des Caraïbes, publiée sous le décret n° 2000-830 du 24 août 2000 ;
Vu le protocole relatif aux zones et à la vie sauvage spécialement protégées à la convention pour la protection et la mise en valeur du milieu marin de la région des Caraïbes (ensemble trois annexes), publié sous le décret n° 2002-969 du 4 juillet 2002 :
Vu l'avis du Conseil national de la protection de la nature en date du 10 mars 2017 ;
Vu les observations formulées lors de la consultation du public réalisée du 14 mars au 6 avril 2017, en application de l'article L. 123-19-1 du code de l'environnement,

ARRÊTÉ

Article 1
Au sens du présent arrêté, on entend par :
- « spécimen » : tout corail vivant ou mort, ainsi que toute partie ou tout produit obtenu à partir de celui-ci ;
- « spécimen prélevé dans le milieu naturel » : tout spécimen dont le détenteur ne peut justifier qu'il est issu d'un élevage constitué de spécimens acquis conformément à la réglementation en vigueur au moment de leur acquisition.

Article 2
Pour les espèces de coraux dont la liste est fixée ci-après :
1. Sont interdits en Guadeloupe, en Martinique et à Saint-Martin, et dans les eaux marines sous souveraineté et sous juridiction, et en tout temps :
La mutilation, la destruction, l'enlèvement de spécimens dans le milieu naturel.
On entend par mutilation les actions provoquant un colmatage, un étouffement, une abrasion, une fracturation ou une fragmentation, des nécroses, un blanchissement des spécimens.

2. Sont interdits sur tout le territoire national et en tout temps le transport, le colportage, l'utilisation commerciale ou non, la détention, la mise en vente, la vente ou l'achat des spécimens prélevés dans le milieu naturel des territoires mentionnés au **1** après l'entrée en vigueur du présent arrêté.

Famille des Acroporidés

Acropora cervicornis
Acropora palmata
Acropora prolifera

Famille des Agaricidés

Agaricia grahamae
Agaricia lamarcki
Agaricia undata

Famille des Méandrinidés

Dendrogyra cylindrus

Famille des Merulinidés

Orbicella annularis
Orbicella faveolata
Orbicella franksi

Famille des Mussidés

Mycetophyllia aliciae
Mycetophyllia danaana
Mycetophyllia ferox
Mycetophyllia lamarckiana

Famille des Oculinidés

Oculina diffusa

Incertae sedis

Cladocora arbuscula

Article 3

Des dérogations aux interdictions fixées à l'article 2 peuvent être accordées dans les conditions prévues aux articles L. 411-2(4°) et R. 411-6 à R. 411-14 du code de l'environnement.

Article 4

La ministre de l'Environnement, de l'Énergie et de la Mer, chargée des relations internationales sur le climat, est chargée de l'exécution du présent arrêté, qui sera publié au Journal officiel de la République française.

Fait le 25 avril 2017.
Ségolène Royal

Glossaire

Voir aussi les figures p. 31, 34-35, 196 et sur le rabat de couverture.

Agression interspécifique : quand les polypes de différents coraux entrent en contact, les espèces les plus agressives extrudent des filaments mésentériques sur leurs voisins moins agressifs dissolvant les tissus à portée de main réalisant en quelque sorte une digestion extracorporelle.

Ahermatypique : organisme marin non constructeur de récif.

Alcyonaires : Cnidaires marins coloniaux faisant partie de l'ordre des Alcyonacés dont les polypes sont caractérisés par la présence de huit tentacules et ne possédant pas de squelette calcaire rigide (coraux mous).

Algale : qui concerne les algues.

Arrière-récif : partie du récif opposée à la haute mer située en arrière du platier récifal.

Bioérosion : ensemble des actions réalisées par des organismes marins vivants provoquant la dégradation (l'érosion) de substrats durs tels que le carbonate de calcium des récifs coralliens.

Blastocoele : cavité remplie de liquide apparaissant au cours de la segmentation de l'embryon et caractéristique du stade blastula.

Blastula : stade du développement embryonnaire succédant à la segmentation et caractérisé par la mise en place d'une cavité entre les cellules ou blastomères.

Bourgeonnement extra-tentaculaire : forme de multiplication asexuée caractérisée par le développement de nouveaux polypes à partir du cœnosarque, à l'extérieur des couronnes de tentacules et du disque oral.

Bourgeonnement intra-tentaculaire : forme de multiplication asexuée caractérisée par le développement de nouveaux polypes à partir du disque oral.

Calice : partie supérieure du polypiérite limitée par la muraille.

Calicocyte : cellule spécialisée présente dans l'ectoderme de la base du polype ou couche calicoblastique sécrétant le squelette calcaire de l'animal.

Capsule : vésicule centrale présente au niveau du cnidocyte et contenant un liquide incolore et toxique.

Cavité gastro-vasculaire : cavité qui communique avec l'extérieur par un seul orifice chez les Cnidaires.

Cellule : unité biologique structurelle et fonctionnelle fondamentale de tous les êtres vivants.

Cérioïde : agencement des différents polypiérites du polypier caractérisé par l'existence d'une muraille commune aux différents polypiérites adjacents et donc l'absence de cœnosteum.

Cil cellulaire : extension cytoplasmique que l'on retrouve au niveau de certains types de cellules chez les organismes eucaryotes.

Circum-oral : qui entoure la bouche.

Clade : unité de base de la classification phylogénétique ou cladistique. Groupe d'organismes comprenant un ancêtre commun et la totalité de ses descendants.

Cnidocil : prolongement cytoplasmique du cnidocyte des Cnidaires.

Cnidocyte : cellule urticante présente chez les Cnidaires et à l'origine de la dénomination de l'embranchement.

Cnidocyte : voir nématocyste.

Cœnenchyme : voir cœnosarque.

Cœnosarque (ou cœnenchyme) : tissu réunissant les différents individus (polypes) d'une colonie de Cnidaire et qui contient une extension de la cavité gastro-vasculaire. S'écrit aussi cœnosarc.

Cœnosteum : éléments calcaires réunissant les murailles des différents polypiérites chez les Scléractiniaires coloniaux.

Columelle : formation squelettique verticale occupant généralement le centre du calice.

Cône oral : cône disposé à l'intérieur du cercle de tentacules au centre duquel s'ouvre la bouche.

Corallivore : organisme se nourrissant de coraux.

Costosepte : différenciation entre septes et côtes impossibles du fait du faible développement de la muraille.

Côte : prolongement des septes du côté externe de la muraille.

Couche calicoblastique : ectoderme de la base du polype.

Cryptique : deux espèces sont dites cryptiques, ou jumelles, lorsqu'elles ne peuvent pas être discinguées à l'aide de leurs seuls caractères morphologiques.

Cycle : ensemble des septes apparus en même temps lors de l'ontogénie.

Cyclosystème : disposition particulière des polypes chez les Hydrozoaires coloniaux où les dactylozoides encerclent un gastrozoïde.

Cytoplasme : contenu d'une cellule vivante chez les procaryotes et région comprise entre la membrane plasmique et le noyau d'une cellule eucaryote.

Dactylopore : pore dans lequel peut se rétracter un dactylozoïde chez les Hydrozoaires coloniaux.

Dactylozoïde : polype dépourvu de bouche spécialisé dans la protection chez les Hydrozoaires coloniaux.

Disque oral : étendue en forme de disque disposée à l'intérieur du cercle de tentacules au centre de laquelle s'ouvre la bouche.

Écomorphose : variation de la forme d'un organisme en fonction de certains facteurs environnementaux.

Écotouriste : touriste responsable voyageant dans les espaces naturels et contribuant à la préservation de l'environnement et au bien-être des populations locales.

Écotype : variété, individu ou population génétiquement distincte d'une espèce donnée qui présente des caractéristiques adaptées à des habitats différents.

Ectoderme : feuillet externe de l'embryon dont dérivent l'épiderme et le système nerveux chez les animaux.

Embryogenèse : processus de formation d'un organisme pluricellulaire, végétal ou animal, du stade zygote (œuf fécondé) à un être vivant autonome.

Endoderme : feuillet interne de l'embryon dont le développement donne l'intestin primitif chez les animaux.

Endosymbiose : coopération mutuellement bénéfique entre deux organismes vivants (symbiose) où l'un des partenaires l'endosymbiote ou endosymbionte est contenu par l'autre.

Éponge : animal marin fixé, de forme irrégulière dont le squelette est poreux et spongieux.

Eucaryote : ensemble des organismes vivants unicellulaires ou pluricellulaires dont les cellules sont caractérisées par le fait que le noyau est séparé du cytoplasme par une enveloppe nucléaire.

Filaments mésentériques : filaments prolongeant les mésentéroïdes et intervenant dans la sécrétion d'enzymes digestives.

Flabello-méandroïde : agencement des différents polypiérites du polypier caractérisé par la disposition des centres calicinaux dans des vallées sans murailles adjacentes communes.

Foliacé : qui a l'aspect d'une feuille.

Gastropore : pore dans lequel peut se rétracter un gastrozoïde chez les Hydrozoaires coloniaux.

Gastrozoïde : polype nourricier spécialisé dans la

prise de nourriture chez les Hydrozoaires coloniaux.

Gonade : chez les animaux, organe destiné à la reproduction.

Gonochorique : chez les espèces gonochoriques, tous les polypes de la colonie possèdent uniquement des gamètes mâles ou femelles.

Hermaphrodite : chez les espèces hermaphrodites, tous les polypes de la colonie possèdent à la fois des gamètes mâles et femelles

Hermatypique : organisme marin constructeur de récif.

Hétérospécifique : deux ou plusieurs taxons sont dits hétérospécifiques lorsqu'ils font partie d'espèces différentes.

Introgression : désigne le transfert de gènes d'une espèce vers le pool génétique d'une autre espèce, génétiquement assez proche pour qu'il puisse y avoir interfécondation.

Lobe paliforme : ornementation la plus interne du bord libre des septes équivalent à une dent septale particulièrement bien développée pouvant prendre l'aspect d'un lobe septal interne se distinguant nettement du reste de l'ornementation septale.

Manubrium : tube portant la bouche et disposé de façon centrale sous l'ombrelle d'une méduse.

Marnage : différence de hauteur d'eau entre une pleine mer et une basse mer successive.

Méandriforme : en forme de sinuosité généralement répétée (méandre).

Méandroïde : agencement des différents polypiérites du polypier caractérisé par la fusion des calices adjacents pour former des séries appelées vallées comprenant plusieurs centres calicinaux correspondant chacun a une bouche.

Méduse : stade libre pélagique des Cnidaires.

Membrane plasmique : membrane biologique qui délimite le cytoplasme d'une cellule et l'isole du milieu extérieur.

Mésentéroïdes : cloisons molles verticales divisant la cavité gastro-vasculaire centrale chez les Anthozoaires.

Mésoglée : matrice riche en collagène que l'on retrouve entre l'ectoderme et l'endoderme notamment chez les Cnidaires.

Monophylie : qualité d'un groupe qui inclut un ancêtre et tous ses descendants.

Monosériée : se dit d'une vallée qui contient une seule rangée de centres calicinaux.

Muraille (ou thèque) : paroi du polypiérite.

Nariforme : en forme de narine.

Nématocyste (ou cnidocyste) : vésicule urticante renfermant un filament enroulé en forme de harpon situé à l'intérieur du cnidocyte.

Noyau : structure cellulaire présente généralement dans les cellules eucaryotes renfermant l'essentiel du matériel génétique de la cellule.

Ombrelle : pourtour de la méduse en forme de cloche.

Ordre : ensemble des septes de même longueur qui peuvent ou non correspondre à un cycle.

***Palus* (pluriel *pali*)** : formation squelettique en forme de pilier située dans le prolongement des septes mais indépendante.

Pélagique : relatif à la haute mer.

Pétrographie : étude des roches et de leur formation.

Périthèque : ensemble constitué par le cœnosteum et les côtes.

Phacéloïde : agencement des différents polypiérites du polypier caractérisé par le fait que les différents polypiérites de la colonie ne sont reliés entre eux que par leur base et que le cœnosteum réduit est uniquement présent à la base des murailles.

Pharynx : chez les Cnidaires il s'agit d'un tube faisant communiquer la bouche avec la cavité gastro-vasculaire.

Phénotype : ensemble des caractères apparents d'un individu.

Photophile : organisme appréciant les écosystèmes baignant dans la lumière.

Phylogénie : étude des relations existant entre espèces apparentées.

Planula : larve caractéristique de l'embranchement des cnidaires.

Plasticité phénotypique : capacité d'un organisme à exprimer différents phénotypes selon les conditions environnementales.

Platier récifal : partie supérieure le plus souvent horizontale du récif.

Plocoïde : agencement des différents polypiérites du polypier caractérisé par l'existence d'une muraille distincte entre les polypiérites et leur séparation par un squelette commun ou cœneosteum.

Plurisériée : se dit d'une vallée qui contient plusieurs rangées de centres calicinaux.

Polype : stade sessile des Cnidaires pouvant être colonial ou isolé.

Polyphylie : groupe défini par une ressemblance non héritée d'un ancêtre commun.

Polypier (ou corallum) : squelette entier sécrété par un polype si le Scléractiniaire est solitaire, ou par une colonie de polypes s'il est colonial.

Polypiérite : squelette sécrété par le polype individuel.

Procaryote : organisme unicellulaire dépourvu de noyau.

Récifal : qui se rapporte aux récifs.

Relicte (ou espèce relictuelle) : espèce vivant dans un biotope devenu isolé et souvent très localisé par suite d'un changement climatique ou paléoenvironnemental.

Rétrocroisement : croisement d'un individu hybride avec l'un de ses parents.

Sciaphile : organisme appréciant les écosystèmes plongés dans l'obscurité.

Septe : cloison verticale divisant le calice.

Sessile : organisme aquatique fixé directement sur le substrat.

Styliforme : en forme de petite baguette (style ou stylet).

Symbiotique : relatif à la symbiose, qui vit en état de symbiose.

Sympatrie : deux espèces sont considérées comme en sympatrie lorsqu'elles vivent dans la même zone géographique et sont donc susceptibles de se croiser.

Sympodial : mode de croissance caractérisé par une ramification de la tige en forme de zigzag.

Synapticules : baguettes ou barres horizontales reliant les faces opposées des septes adjacents et perforant les mésentéroïdes disposés entre eux. Ils peuvent constituer une ou plusieurs rangées concentriques à l'intérieur du calice.

Synapticulothécale : type de muraille caractérisée par une série d'anneaux synapticulaires disposés l'un audessus de l'autre.

Systématique : science de la classification des êtres vivants.

Tabulae : plaques horizontales traversant à intervalles réguliers les pores chez les Hydrozoaires coloniaux.

Taxon : entité conceptuelle d'êtres vivants regroupés, car ils possèdent en commun des caractères du fait de leur parenté.

Tentacule : organe flexible, mobile, allongé, présent chez certaines espèces d'animaux pouvant intervenir dans la capture des proies, la défense, la locomotion, les échanges gazeux ou avoir une fonction sensorielle.

Trabécules : bâtonnets squelettiques orientés verticalement, formés de faisceaux de fibrocristaux de carbonate de calcium. Ce sont les éléments constitutifs de base des septes ainsi que des structures secondaires comme les *pali* et la columelle.

Transfert horizontal de gènes : processus dans lequel un organisme intègre du matériel génétique provenant d'un autre organisme sans en être le descendant.

Triplet : dans le genre *Porites*, groupe de trois septes diamétralement opposés au septe directeur dorsal, et qui peuvent fusionner ou rester libres.

Tuberculé : en forme de petite masse arrondie (tubercule).

Turbide : troublé, agité.

Velum : diaphragme musculaire obturant partiellement la cavité sous-ombrellaire de certaines méduses.

Zooxanthelle : algue unicellulaire, pouvant vivre en symbiose avec différents organismes marins (méduses, coraux, bénitiers, etc.).

Bibliographie

LIVRES

Amsler, K., Deflorin, D., De Sabata, E., Ferrari, A. & Neuschwander, J. 1996. *Les Caraïbes, Guide du Plongeur.* Gründ, 168 p.

Bouchon, C. 1990. *La grande encyclopédie de la Caraïbe, 5, le monde marin.* Sanoli, Pointe à Pitre, 207 p.

Human, P. & Deloach, N. 2006. *Reef Coral Identification Florida Caribbean Bahamas.* New World Publications, Inc. Jacksonville, Florida USA, 278 p.

Kaplan, E.H. 1982. *A Field Guide to Coral Reefs Caribbean and Florida.* Peterson Field Guide, 289 p.

Mioulane, P. & Sahuquet, R. 1992. *Les Caraïbes en 80 plongées.* Hachette, 191 p.

Spalding, M.D. 2004. *A Guide to the Coral Reefs of the Caribbean.* University of California Press, Berkeley Los Angeles London, 256 p.

Veron, JEN. 2000. *Corals of the World.* Vols 1-3. Townsville: Australian Institute of Marine, vol. 1: 463 p; vol. 2: 429 p.; vol. 3: 489 p.

Wallace, CC. 1999. *Staghorn corals of the world: a revision of the genus* Acropora. CSIRO Publishing, Collingwood, Victoria, 419 p.

Warner, G.F. 2012. *Corals of Florida & the Caribbean.* University Press of Florida, 205 p.

Weinberg, S. 2000. *Découvrir la mer des Caraïbes et l'Atlantique tropical.* Nathan, 446 p.

ARTICLES SCIENTIFIQUES

Almy, C. & Carrion-Torres, C. 1963. Shallow water stony corals of Puerto Rico. *Caribbean Journal of Science*, 3: 133-162.

Arrigoni, R., Terraneo, T.I., Galli, P. & Benzoni, F. 2014a. *Lobophylliidae (Cnidaria, Scleractinia)* reshuffed: pervasive non-monophyly at genus level. *Molecular Phylogenetics and Evolution*, 73: 60-64.

Arrigoni, R., Kitano, Y.F., Stolarski, J., Hoeksema, B.W., Fukami, H., Stefani, F., Galli, P., Montano, S., Castoldi, E. & Benzoni, F. 2014b. À phylogeny reconstruction of the *Dendrophylliidae (Cnidaria, Scleractinia)* based on molecular and micromorphological criteria, and its ecological implications. *Zoologica Scripta*, 43: 661-688.

Bak, R.P.M. 1977. Coral reefs and their zonation in Netherlands Antilles. *Studies in Geology*, 4: 3-16.

Bak, R.P.M., Niewland, G., & Meesters, E.H. 2005. Coral reef crisis in deep and shallow reefs: 30 years of constancy and change in reefs of Curaçao and Bonaire. *Coral Reefs*, 24: 475-479.

Baums, I.B., Miller, M.W. & Hellberg, M.E. 2005a. Regionally isolated populations of an imperiled Caribbean coral, *Acropora palmata. Molecular Ecology*, 14: 1377-1390.

Baums, I.B., Hughes, C.R. & Hellberg, M.E. 2005b. Mendelian microsatellite loci for the Caribbean coral *Acropora palmata. Marine Ecology Progress Series*, 288: 115-127.

Beck, B.R. 2005. *Evolutionary patterns in the reef coral Siderastrea during the Mie-Pliocene of the Dominican Republic.* Master of Science Thesis, University of Iowa, USA.

Beltran-Torres, A.U. & Carricart-Ganivet, J.P. 1993. Skeletal morphological variation in Montastrea cavernosa (Cnidaria: Scleractinia) at Isla Verde Coral Reef, Veracruz, Mexico. *Revista de Biologica Tropical*, 41 (3): 559-562.

Benzoni, F., Arrigoni, R., Berumen, M.L., Taviani, M., Bongaerts, P. & Frade, P.R. 2018. Morphological and genetic divergence between Mediterranean and Caribbean populations of Madracis pharensis (Heller 1868) (*Scleractinia, Pocilloporidae*); too much for one species? *Zootaxa*, 4471 (3): 473-492.

Bernard, H.M. 1905. The familly *Poritidae*. II. The genus *Porites* part 1. *Catalogue of the Madreporarian corals of the British Museum of Natural History*, 5: 1-206.

Boekschoten, G.J. & Borel Best, M. 1988. Fossil and recent shallow water corals from the Atlantic islands off Western Africa. *Zoologische Mededelingen*, 62(8): 99-112.

Bongaerts, P., Ridgway, T., Sampayo, E.M. & Hoegh-Guldberg, O. 2010. Assessing the 'deep reef refugia' hypothesis: focus on Caribbean reefs. *Coral Reefs*, 29: 309-327.

Bongaerts, P., Frade, P.R., Hay, K.B., Englebert, N., Latijnhouwers, K.R.W., Bak, R.P.M., Vermeij, M.J.A. & Hoegh-Gulderg, O. 2015. Deep down on a Caribbean reef: lower mesophotic depths harbor a specialized coral-endosymbiont community. *Scientific Reports* | 5: 7652 | doi:10.1038/srep07652

Bonito, V. & Grober-Dunsmore, R. 2006. Resheeting of relict *Acropora palmata* framework may promote fast growth, but does it compromise the structural integrity of the colony? *Coral Reefs*, 25: 46.

Bouchon, C. & Laborel, J. 1986. Les peuplements coralliens des côtes de la Martinique. *Annales de l'Institut Océanographique*, 62: 199-237.

Brakel, W.H. 1977. Corallite variation in Porites and the species problem in corals. *Proceedings Third International Coral Reef Symposium*, 457-462.

Brown, D. & Edmunds, P.J. 2013. Long-term changes in the population dynamics of the Caribbean hydrocoral Millepora spp. *Journal of Experimental Marine Biology and Ecology*, 441, 62–70.

Bruno, J.F. & Edmunds, P.J. 1997. Clonal variation for phenotypic plasticity in the coral *Madracis mirabilis. Ecology*, 78(7): 2177-2190.

Budd, A.F. & Guzmán H.M. 1994. *Siderastrea glynni*, a new species of scleractinian coral (*Cnidaria: Anthozoa*) from the Eastern Pacific. *Proceedings of the Biological Society of Washington*, 107: 591-599.

Budd, A.F. & Stolarski, J. 2009. Searching for new morphological characters in the systematics of scleractinian reef corals: comparison of septal teeth and granules between Atlantic and Pacific Mussidae. *Acta Zoologica*, 90: 142-165.

Budd, A.F. & Stolarski, J. 2011. Corallite wall and septal microstrusture in scleractinian reef corals: comparison of molecular clades within the family *Faviidae. Journal of Morphology*, 272: 66-88.

Budd, AF., Romano SL., Smith ND. & Barbeitos MS. 2010. Rethinking the phylogeny of scleractinian corals: a review of morphological and molecular data. *Integrative and Comparative Biologie*, 50(3): 411-427, doi: 10.1093/icb/icq 062.

Budd, A.F., Fukami, H., Smith, N.D; & Knowlton, N. 2012. Taxonomic classification of the reef coral family *Mussidae (Cnidaria: Anthozoa: Scleractinia). Zoological Journal of the Linnean Society*, 166: 465-529.

Bush, S.L., Pretch, W.F., Woodley, J.D. & Bruno, J.F. 2004. Indo-Pacific mushroom corals found on Jamaican reefs. *Coral Reefs*, 23: 234.

Cairns, S.D. 1982. Stony corals (*Cnidaria: Hydrozoa, Scleractinia*) of Carrie Bow Cay, Belize. *Smithsonian Contribution to the Marine Science*, 12: 271-302.

Cairns, S.D. 1983. À generic revision of the *Stylasterina (Coelenterata: Hydrozoa). Bulletin of Marine Sciences*, 33: 427-508.

Cairns, S.D. 1999. Species richness of recent scleractinia. *Atoll Research Bulletin*, 459: 1-46.

Cairns, S.D. 2000. À revision of the shallow-water azooxanthellate scleractinia of the western Atlantic. *Studies of the Natural History of the Caribbean Region*, 75: 1-240.

Cairns, S.D. 2011. Global diversity of the *Stylasteridae (Cnidaria: Hydrozoa: Athecatae)*. PLoS ONE 6(7):e21670. doi :10.1371/journal.pone.0021670

Cairns, S. D., Hoeksema, B. W. & van der Land, J. 1999. Appendix: list of extant stony corals. *Atoll Research Bulletin*, 459: 13-46.

Cairns, S.D., Jaap, W.C. & Lang, J.C. 2009. Sleractinia (Cnidaria) of the Gulf of Mexico; *In:* Felder D.L., Camp, D.K (eds) *Gulf of Mexico. origins, waters and biota diversity.* Texas A. & M University Press, College Station: 333-347.

Capel, K.C.C., Migotto, A.E., Kitahara, M.V. & Zilberberg, M.V. 2014. Another tool towards invasion? Polyp "bail-out" in *Tubastrea coccinea*. *Coral Reefs*, 33:1165.

Carlon, D.B. & Budd, A.F. 2002. Incipient speciation across a depth gradient in a scleractinian coral? *Evolution*, 56: 2227-2242.

Carlon, D.B. & Lippé, C. 2011. Estimation of mating systems in short and tall ecomorphs of the coral *Favia fragum*. *Molecular Ecology*, 20: 815-828.

Carlon, D.B., Budd, A.F., Lippé, C. & Andrew, R.L. 2011. The quantitative genetics of incipient speciation: heritability and genetic correlations of skeletal traits in populations of diverging *Favia fragum* ecomorphs. *Evolution*, 65: 3428-3447.

Casebolt, S.N. 2011. *Phylogenetic analysis and quantitative assessment of micromorphology and microstructure in the coral family* Mussidae (Scleractinia). Master of Science Thesis, University of Iowa, USA.

Chassing, J.P., Delplanque, A. & Laborel, J. 1978. *Coraux de Guadeloupe.* Centre Régional Formation Prof Collèges, Multigraph: 1-70.

Chiappone, M., Sullivan, K.M. & Lott, C. 1996. Hermatypic scleractinian corals of the southeastern Bahamas: a comparison to western Atlantic reef systems. *Carribean Journal of Science*, 32: 1-13.

Clemente, S., Rodriguez, A., Brtito, A., Ramos, A., Monterroso & Hernandez, J.C. 2011. On the occurrence of the hydrocoral *Millepora (Hydrozoa : Milleporidae)* in the subtropical eastern Atlantic (Canary Islands): is the colonization related to climatic events? *Coral Reefs*, 30: 237-240.

Creed, J.C., Fenner, D., Sammarco, P., Cairns, S., Capel, K., Junqueira, A.O.R., Cruz, I., Miranda, R.J., Carlos-Junior, L., Mantelatto, M.C. & Oigman-Pszczol, S. 2017. The invasion of the azooxanthellate coral *Tubastraea (Scleractinia: Dendrophyliidae)* throughout the world: history, pathways and vectors. *Biological Invasions*, 19(1): 283-305.

Dai, C.F. & Horng, S. 2009a. *Scleractinia fauna of Taiwan.* I. The complex group. Taipei, Taiwan: National Taiwan University.

Dai, C.F. & Horng, S. 2009b. *Scleractinia fauna of Taiwan.* II. The robust group. Taipei, Taiwan: National Taiwan University.

Danaher, D.G. 1998. *Environmental plasticity in the Caribbean coral genus* Mycetophyllia (Milne-Edwards & Haime, 1848)*: depth and flow effects on taxonomic characters.* Master of Science Thesis, University of Maryland, USA

Diekmann, O.E., Bak, R.P.M., Stam, W.T. & Olsen, J.L. 2001. Molecular genetic evidence for probable reticulate speciation in the coral genus Madracis from a Caribbean fringing reef slope. *Marine Biology*, 139: 221-233.

Dinesen, Z.D. 1980. À revision of the coral genus *Leptoseris (Scleractinia: Fungiina: Agaricidae). Memoirs of the Queensland Museum*, 20: 181-235.

Fenner, D. 1993a. Species distinctions among several Caribbean stony corals. *Bulletin of Marine Sciences*, 53: 1099-1116.

Fenner, D. 1993b. Some reefs and corals of Roatàn (Honduras), Cayman Brac and Little Cayman. *Atoll Research Bulletin*, 338: 1-30.

Fenner, D. 1999. New observations on the stony coral *(Scleractinia, Milleporidae, Stylasteridae)* species of Belize (Central America) and Cozumel (Mexico). *Bulletin of Marine Sciences*, 64:143-154.

Fenner, D. 2001. Biogeography of three Caribbean corals *(Scleractinia)* and the invasion of *Tubastrea coccinea* into the Gulf of Mexico. *Bulletin of Marine Sciences*, 69: 1175-1189.

Fenner, D. & Banks, K. 2004. Orange cup coral *Tubastraea coccinea* invade Florida and the Flower Garden Banks, Northwestern Gulf of Mexico. *Coral Reefs*, 23: 505-507.

Figueira de Paula, A. & Creed, J.C. 2004. Two species of the coral *Tubastraea (Cnidaria, Scleractinia)* in Brazil: a case of accidental introduction. *Bulletin of Marine Sciences*, 74: 175-183.

Filatov, M.V., Frade, P.R., Bak, R.P.M., Vermeij, M.J.A. & Kaandorp, J.A. 2013. Comparison between colony morphology and molecular phylogeny in the Caribbean scleractinian coral genus Madracis. *PLoS ONE* 8(8): e71287. doi:10.1371/journal.pone.0071287

Fofonoff, P.W., Ruiz, G.M., Steves, B. & Carlton, J.T. 2014. National Exotic Marine and Estuarine Species Information System (NEMESIS) Consultable à *http://invasions.si.edu/nemesis*

Fogarty, N.D., Vollmer, S.V. & Levitan D.R. 2012. Weak prezygotic isolating mechanisms in threatened Caribbean Acropora corals. *PloS ONE* 7(2): e30486. doi:10.1371/journal.pone.0030486

Forsman, Z. 2003. *Phylogeny and phylogeography of* Porites & Siderastrea (Scleractinia: Cnidaria) *species in the Caribbean and Eastern Pacific; based on the nuclear ribosomal ITS region.* PhD Thesis, University of Houston, USA.

Forsman, Z.H., Guzmán, H.M., Chen, C.A., Fox, G.E. & Wellington, G.M. 2005. An ITS region phylogeny of *Siderastrea (Cnidaria: Anthozoa)*: is *S. glynni* endangered or introduced? *Coral Reefs*, 24: 343-347.

Forsman, Z.H., Barshis, D.J., Hunter, C.L. & Toonen, R.J. 2009. Shape-shifting corals: molecular markers show morphology is evolutionary plastic in Porites. *BMC Evolutionary Biology*, 9: 45.

Foster, A.B. 1979. Phenotypic plasticity in the reef corals *Montastrea* annularis (Ellis & Solander) and *Siderastrea sidera* (Ellis & Solander). *Journal of Experimental Marine Biology and Ecology*, 39: 52-54.

Foster, A.B. 1980. Environmental variation in skeletal morphology within the Caribbean reef corals *Montastrea annularis* and *Siderastrea siderea*. *Bulletin of Marine Sciences*, 30: 678-709.

Frade, P.R., Reyes-Nivia, M.C., Kaandorp, J.A., Luttikhuizen, P.C. & Bak, R.P.M. 2010. Semi-permeable species boundaries in the coral genus *Madracis*: introgression in a brooding coral system. *Molecular Phylogenetics and Evolution*, 57: 1072-1090.

Fricke, H. & Meischner, D. 1985. Depth limits of Bermudan scleractinian corals:

a submersible survey. *Marine Biology*, 88 : 175-187.

Fukami, H. & Knowlton, N. 2005. Analysis of complete mitochondrial DNA sequences of three members of the Montastraea annularis coral species complex (*Cnidaria, Anthozoa, Scleractinia*). *Coral Reefs*, 24 : 410-417.

Fukami, H., Budd, A.F., Levitan, D.R., Jara, J., Kersanach, R. & Knowlton, N. 2004a. Geographic differences in species boundaries among members of the *Montastrea annularis* complex based on molecular and morphological markers. *Evolution*, 58 : 324-337.

Fukami, H., Budd, A.F., Paulay, G., Solé-Cava, C., Chen, C.A., Iwao, K. & Knowlton, N. 2004b. Conventional taxonomy obscures deep divergence between Pacific and Atlantic corals. *Nature*, 427 : 832-835.

Fukami, H., Chen, C.A., Budd, A.F., Collins, A., Wallace, C., Chuang, Y-Y., Chen, C., Dai, C.F., Iwao, K., Sheppard, C. & Knowlton, N. 2008. Mitochondrial and nuclear genes suggest that stony corals are monophyletic but most families of stony corals are not (Order *Scleractinia*, Class *Anthozoa*, Phylum *Cnidaria*). *PLoS ONE* 3 :e3222. doi :10.1371/journal.pone.0003222.

Gaynor, S., Hay, C. & Tepper, G. 2013. Cryptic species or intragenomic variation : implications for the millepores. *The 14th Symposium on the Natural History of the Bahamas*, 14 : 13-25.

Goldberg, W.M. 2002. Feeding behavior, epidermal structure and mucous cytochemistry of the scleractinian *Mycetophyllia reesi*, a coral without tentacles. *Tissue and Cell*, 34(4) : 232-245.

Goodbody-Gringley G., Vollmer S.V., Woollacott R.M. & Giribet G. 2010. Limited gene flow in the brooding coral *Favia fragum* (Esper, 1797). *Marine Biology*, 157 : 2591-2602.

Goodbody-Gringley G., Woollacott, R.M. & Giribet G. 2012. Population structure and connectivity in the Atlantic scleractinian coral *Montastraea cavernosa* (Linnæus, 1767). *Marine Ecology*, 33 : 32-48.

Goreau, T.F. 1959. The ecology of Jamaican coral reefs. I. Species composition and zonation. *Ecology*, 40 : 67-90.

Goreau, T.F. & Goreau, N.I. 1973. The ecology of Jamaican coral reefs. II. Geomorphology, zonation and sedimentary phases. Coral reef Project – Papers in Memory of Dr. Thomas F. Goreau. *Bulletin of Marine Sciences*, 23 : 399-464.

Goreau, T.F. & Wells, J.W. 1967. The shallow water scleractinia of Jamaica; revised list of species and their vertical distribution range. *Bulletin of Marine Science*, 17 : 442-453.

Guzmán, H.M. 1998. Diversity of stony, soft and black corals (*Anthozoa* : *Scleractinia*, *Gorgonacea*, *Hydrozoa* : *Milleporina*) at Cayos Cochinos, Bay Islands, Honduras. *Revista de Biología Tropical*, 46. Supl. (4) : 75-80.

Hoeksema, B.W., Nunes, F.L.D., Lindner, A. & Nunes de Souza, J.L. 2014. *Millepora alcicornis* (*Hydrozoa* : *Capitata*) at Ascension Island : confirmed identity based on morphological and molecular analyses. *Journal of the Marine Biological Association of the United Kingdom*, doi :10.1017/S0025315414001283.

Hoeksema, B.W., van Beusekom, M., ten Hove, H.A., Ivanenko, V.N., van der Meij, S.E.T., & van Moorsel, G.W.N.M. 2017. *Helioseris cucullata* as a host coral at St. Eustatius, Dutch Caribbean. *Marine Biodiversity*. 47(1) : 71-78, doi : 10.1007/s12526-016-0599-6.

Huang, D., Licuanan, W.Y., Baird, A.H. & Fukami, H. 2011. Cleaning up the 'Bigmessidae' : molecular phylogeny of scleractinian corals from *Faviidae*, *Merulinidae*, *Pectinidae* and *Trachyphylliidae*. *BMC Evolutionary Biology*, 11 : 1-13.

Hughes, T.P. & Jackson, J.B.C. 1985. Population dynamics and life histories of foliaceous corals. *Ecological Monographs*, 55 : 141-166.

Irving, R.A. 2013. Ascension Island's hermatypic but non-reef building corals. *In* : *Coral Reefs of the World 4. Coral Reefs of the UK Overseas Territories*. Charles R.C. Sheppard Ed. Springer. p. 213-221.

Jameson, S.C. 1997. Morphometric analysis of the *Poritidae* (*Anthozoa* : *Scleractinia*) of Belize. *Proceedings of the Eight International Coral Reef Symposium*, 2 : 1591-1596.

Jameson, S.C. & Cairns, S.D. 2012. Neotypes for *Porites porites* (Pallas, 1766) and *Porites divaricata* Le Sueur, 1820 and remarks on other western Atlantic species of *Porites* (*Anthozoa* : *Scleractinia*). *Proceedings of the Biological Society of Washington*, 125(2) : 189-207.

Japaud, A., Bouchon, C. & Fauvelot, C. 2014. Unexpected high densities of the hybrid coral *Acropora prolifera* (Lamarck, 1816) in Guadeloupe Island, Lesser Antilles. *Coral Reefs*, 33 : 593.

Johnson, K.G. 1992. Population dynamics of a free-living coral : recruitment, growth and survivorship of *Manicia areolata* (Linnæus) on the Caribbean coast of Panama. *Journal of Experimental Marine Biology and Ecology*, 164 : 171-191.

Kahng, S.E., Garcia-Sais, J.R., Spalding, H.L., Brokovich, E., Wagner, D., Weil, E., Hinderstein, L. & Toonen, R.J. 2010. Community ecology of mesophotic coral reef ecosystems. *Coral Reefs*, 29 : 255-275.

Keck, J., Houston, R.S., Purkis, S. & Riegl, B. 2005. Unexpectedly high cover of *Acropora cervivornis* on offshore reefs in Roatan (Honduras). *Coral Reefs*, 24 : 509.

Kerr, A. M. 2005. Molecular and morphological supertree of stony corals (*Anthozoa* : *Scleractinia*) using matrix representation parsimony. *Biological Review*, 80 : 543-558.

Kitahara, M.V., Cairns, S.D., Stolarski, J., Blair, D., Miller, D.J. 2010. À comprehensive phylogenetic analysis of the *Scleractinia* (*Cnidaria*, *Anthozoa*) based on mitochondrial CO1 sequence data. *PLoS ONE* 5 :e11490. doi :10.1371/journal.pone.0011490.

Kitahara, M.V., Stolarski, J., Cairns, S.D., Benzoni, F., Stake, J.L. & Miller, D.J. 2012. The first modern solitary *Agariciidae* (*Anthozoa, Scleractinia*) revealed by molecular and microstructural analysis. *Invertebrate Systematics*, 26 : 303-315.

Knowlton, N. & Budd, A, F. 2001. Recognizing coral species present and past. *In* : J.B.C. Jackson, S. Ligard. & F.K. McKinney eds. *Evolutionary patters : growth, form and tempo in the fossil record*. University of Chicago, Press, Chicago, IL. p. 97-119.

Knowlton, N., Weil, E., Weigt, L.A. & Guzman, H.M. 1992. Sibling species in *Montastraea annularis*, coral bleaching, and the coral climate record. *Science*, 255 : 330-333.

Laborel, J. 1967. À revised list of Brazilian scleractinian corals and description of a new species. *Postilla*, 107 : 1-14.

Laborel, J. 1969a. *Les peuplements de madréporaires des côtes tropicales du Brésil*. PhD Thesis, Université d'Abidjan, Côte d'Ivoire.

Laborel, J. 1969b. Madréporaires et hydrocoralliaires récifaux des côtes brésiliennes. Systématique, écologie, répartition verticale et géographique. *Annales de l'Institut océanographique*, 47 : 171-229.

Laborel, J. 1974. West African reefs corals : an hypothesis on their origin. *Proceedings 2nd International Coral Reef Symposium*, 1 : 425-443.

LaJeunesse, T.C., Lee, S., Bush, S. & Bruno, J.F. 2005. Persistence of non-caribbean algal symbionts in Indo-Paciifc mushroom corals released in Jamaica 35 years ago. *Coral Reefs*, 24 : 157-159.

Lang, J.C. 1971. Interspecific aggression by scleractinian corals. 1. The rediscovery of *Scolymia cubensis* (Milne-Edwards and Haime). *Bulletin of Marine Sciences*, 21 : 952-959.

Lang, J.C. 1973. Interspecific aggression by scleractinian corals. 2. Why the race in not only to the swift. *Bulletin of Marine Sciences*, 23 : 260-279.

Laverick, J.H., Andradi-Brown, D.A. & Rogers, A.D. 2017. Using light-dependant scleractinia to define the upper boundary of mesophotic coral ecosystems on, the reef of Utila, Honduras. *PloS ONE* 12:e0183075

Levitan, D.R., Fukami, H., Jara, J., Kline, D., McGovern, T.M., McGhee, C., Swanson, C.A. & Knowlton, N. 2004. Mechanisms of reproductive isolation among sympatric broadcast-spawning corals of the *Montastrea annularis* complex. *Evolution*, 58 : 308-323.

Levitan, D.R., Fogarty, N.D., Jara, J., Lotterhos, K. & Knowlton, N. 2011. Genetic, spatial, and temporal components of precise synchrony in reef building corals of the *Montastrea annularis* species complex. *Evolution*, 65 : 1254-1270.

Lewis, J.B. 1989. Spherical growth in the Caribbean coral *Siderastrea radians* (Pallas) and its survival in disturbed areas. *Coral Reefs*. 7 : 161-167.

Lewis, J.B. 1989. The ecology of Millepora. *Coral Reefs*. 8 : 99-107.

Lewis, J.B. 1991. The ampullae and medusae of the calcareous hydrozoan *Millepora complanata*. *In*: "Coelenterate Biology". Recent Research on Cnidaria and Ctenophora. (R.B. Williams, P.F.S. Cornelius, R.G. Hughes and E.A. Robson, eds). *Hydrobiologia*, 216/217 : 165-169.

Lewis, J.B. 1997. Abundance, distribution and partial mortality of the massive coral *Siderastrea siderea* on degrading coral reefs at Barbados, West Indies. *Marine Pollution Bulletin*, 34 : 322-627.

Lewis, J.B. 2006. Biology and ecology of the hydrocoral *Millepora* on Coral Reefs. *Advances in Marine Biology*, 50 : 1-55.

Lewis, J.B. & Snelgrove, P.V.R. 1990. Corallum morphology and composition of crustacean cryptofauna of the hermatypic coral *Madracis mitrabilis*. *Marine Biology*, 106 : 267-272.

Liddel, W.D. & Ohlhorst, S.L. 1988. Comparison of Western Atlantic coral reef communities. Proceedings 6th International Coral Reef Symposium, 3 : 281-286.

Lirman, D. & Manzello, D. 2009. Patterns of resistance and resilience of the stress-tolerant coral *Siderastrea radians* (Pallas) to sub-optimal salinity and sediment burial. *Journal of Experimental Marine Biology and Ecology*, 369 : 72-77.

Lirman, D., Manzello, D. & Macia, S. 2002. Back from the dead : the resilience of *Siderastrea radians* to severe stress. *Coral Reefs*. 21 : 291-292.

Locke, J.M., Weil, E. & Coates, K.A. 2007. À newly documented species of *Madracis* (*Scleractinia*: *Pocilloporidae*) from the Caribbean. *Proceedings of the Biological Society of Washington*, 120 : 214-226.

Locke, J.M., Bilewitch, J.P. & Coates, K.A. 2013. *Scleractinia*, *Octocorallia* and *Antipatharia* of Bermuda's reefs and deep-water coral communities : a taxonomic perspective including new records. *In*: *Coral Reefs of the World 4*. Coral Reefs of the UK Overseas Territories. Charles R.C. Sheppard Ed. Springer. pp 189-200.

Lopez, J.V. & Knowlton, N. 1997. discrimination of species in the *Montastraea annularis* complex using genetic loci. *Proceedings of the 8th International Coral reef Symposium*, 2 : 1613-1618.

Lopez, J.V., Kersanach, R., Rehner, S.A. & Knowlton, N. 1999. Molecualr determination of species boundaries in corals : genetic analysis of the *Montastraea annularis* complex using amplified fragment length polymorphisms and a microsatellite marker. *Biological Bulletin*, 196 : 80-93.

Manica A. & Carter, R.W. 2000. Morphological and fluorescence analysis of the *Montastraea annularis* species complex in Florida. *Marine Biology*, 137 : 899-906.

Matthai, G. 1928. À monograph of the recent meandroid *Astraeidae*. *Catalogue of the Madreporian Corals in the British Museum* (Natural History). 7 : 1-288. British Museum (Natural History), London.

McDermond, J. 2014. *Reproduction and population of* Porites divaricata *at Rodriguez Key: The Florida Keys, USA*. Master of Science Thesis Nova Southeastern University Oceanographic Center.

McIntyre, I.G. 2003. À classic coral marginal environment : tropical coral patches off North Carolina, USA. *Coral Reefs*, 22 : 474.

McIntyre, I.G. & Toscano, M.A. 2007. The elkhorn coral *Acropora palmata* is coming back to the Belize Barrier Reef. *Coral Reefs*, 26 : 757.

McIntyre, I.G., Rützler, J.N., Norris, J.N., Smith, K.P., Cairns, S.D., Bucher, K.E. & Steneck, R.S. 1991. An early Holocene reef in the western Atlantic : submersible investigations of a deep relict reef off the west coast of Barbados, W.I. *Coral Reefs*, 10 : 167-174.

Medina, M., Weil, E. & Szmant, A.M. 1999. Examination of the *Montastrea annularis* species complex (*Cnidaria*: *Scleractinia*) using ITS and COI sequences. *Marine Biotechnology*, 1 : 89-97.

Meesters, E.H., Mueller, B. & Nugues, M.M. 2013. Caribbean free-living coral species co-occuring deep off the windward coast of Curacao. *Coral Reefs*, 32 : 109.

Menezes, N.M., Neves, E.G., Barros, F., Kikuchi, R.K.P. & Johnsson, R. 2013. Intracolonial variation in *Siderastrea* de Blainville (*Anthozoa*, *Scleractinia*): taxonomy under challenging morphological constraints. *Biota Neotropica*. 13(1): *http://www.biotaneotropica.org.br/v13n1/en/tract?article+bn02513012013*

Miller, D.J. & van Oppen, M.J.H. 2003. A "fair go" for coral hybridization. *Molecular Ecology*, 12 : 805-807.

Miloslavich, P., Diaz J.M., Klein, E., Alvarado, J.J., Diaz, C. et al., 2010. Marine biodiversity in the Caribbean : regional estimates and distribution patterns. *PLoS ONE* 5(8):e11916. doi :10.1371/journal.pone.0011916

Montano, S., Galli, P., & Hoeksema, B.W. 2017. First record from the Atlantic: a *Zanclea*-scleractinian association at St. Eustatius, *Dutch Caribbean. marine biodiversity*, 47: 81-82.

Moorsel, G.W.N.M. Van. 1983. Reproductive strategies in two closely related stony corals (*Agaricia*, *Scleractinia*). *Marine Ecology Progress Series*, 13 : 272-283.

Moseley, H.N. 1880. *Report on certain hydroid, alcyonarian and madreporarian corals procured during the voyage of H.M.S. Challenger in the years 1873-1876*. Report on the Scientific Results of the Voyage of H.M.S. Challenger during the Years 1873-1876, Zoology 2, pp. 1-248.

Muir, P.R. & Pichon, M. 2019. Biodiversity of reef-building, Scleractinian corals. *In:* Loya, Y., Publise, K.A & Bridge, T.C.L. (eds). *Mesophotic Coral Ecosystems*, Springer, New York : 589-620.

Murdoch, T., Glasspool, A. & Colella, M. 2008. The results of the first comprehensive benthic assessment of the coral reef habitats of Bermuda. *Proceedings of the 11Th International Coral Reef Symposium*, Fort Lauderdale, Florida, USA, Poster.

Nagelkerken, I. & Bak, R.P.M. 1997. Differential regeneration of artificial lesions among sympatric morphs of the Caribbean corals *Porites astreoides* and *Stephanocoenia michelinii*. *Marine Ecology Progress Series*, 163 : 279-283.

Neves, E.G. 2004. *Complexo Siderastrea: espécies distintas? Significado da variabilidade do gênero* Siderastrea *de Blainville, 1830* (Anthozoa : Scleractinia) *no Brasil*. PhD Thesis, University of São Paulo, Brazil.

Neves, E.G. & Johnson, N, R. 2009. Taxonomic revision of the southwestern Atlantic *Madracis* and the description of *Madracis fragilis* n. sp. (*Scleractinia*: *Pocilloporidae*), a new coral species from Brazil. *Scientia Marina*, 73 : 739-746.

Neves, E.G, Johnsson, R., Sampaio, C. & Pichon, M. 2006. The occurrence of *Scolymia cubensis* in Brazil: revising the problem of the Caribbean solitary mussids. *Zootaxa*, 1366: 45-54.

Neves, E.G., Andrade S.C.S., Lang, F.S. & Solferini, V.N. 2008. Genetic variation and population structuring in two brooding coral species (*Siderastrea stellata* and *Siderastrea radians*) from Brazil. *Genetica*, 132: 243-254.

Neves, E.G, da Silveira F.L., Pichon, M. & Johnsson, R. 2010. *Cnidaria, Scleractinia, Siderastreidae, Siderastea siderea* (Ellis and Solander, 1786): Hartt expedition and the first record of a Caribbean siderastreid in tropical Southwestern Atlantic. *CheckList*, 6: 505-510.

Nunes, F., Fukami, H., Vollmer, S.V. Norris, R.D. & Knowlton, N. 2008. Re-evaluation of the systematics of the endemic corals of Brazil by molecular data. *Coral Reefs*, 27: 423-432.

Nunes F., Norris R.D. & Knowlton N. 2009. Implications of isolation and low genetic diversity in peripheral populations of an amphi-Atlantic coral. *Molecular Ecology*, 18: 4283-4297.

Nunes, F., Norris, R.D. & Knowlton, N. 2011. Long distance dispersal and connectivity in amphi-atlantic corals at regional and basin scales. *PloS ONE* 6(7): e22298. doi.1371/journal.pone.0022298.

Okubo, N. 2016. Restructuring the traditional suborders in the order Scleractinia based on embryogenetic morphological charactéristics. *Zoological Science*, 33: 116-123, doi:10.2108/zs150094.

Okubo, N., Mezaki, T., Nozawa, Y., Nakano, Y., Lien Y.T., Fukami, H., Hayward D.C. & E.E. Ball. 2013. Comparative embryology of eleven species of stony corals (*Scleractinia*). *PloS ONE* 8(12): e84115. doi.1371/journal.pone.0084115.

Pinzon, J.H. & Weil, E. 2011. Cryptic species within the Atlantic-Caribbean genus *Meandrina* (*Scleractinia*): a multidisciplinary approach and description of the new species *Meandrina jacksoni*. *Bulletin of Marine Sciences*, 87: 823-853.

Potts, D.C., Budd, A.F. & Garthwaite, R.L. 1993. Soft tissue vs. skeletal approaches to species recognition and phylogeny reconstruction in corals. *Courier Forschungsinstitut Senckenberg*, 164: 221-231.

Prada, C., DeBiasse, M.B., Neigel, J.E., Yednock, B., Stake, J.K., Forsman, Z.H., Baums, I.B. & Hellberg, M.E. 2014. Genetic species delineation among branching Caribbean *Porites* corals. *Coral Reefs*, 33: 1019-1030.

Precht, W.F., Robbart, M.L. & Aronson, R.B. 2004. The potential listing of *Acropora* species under the US Endangered Species Act. *Marine Pollution Bulletin*. 49: 534-536.

Reed, J.K. 1985. Deepest distribution of Atlantic hermatypic corals discovered in the Bahamas. *Proceedings of the Fifth Coral Reef Congress*, 6: 249-254.

Reyes, J., Santodomingo, N. & Cairns, S. 2009. *Caryophylliidae* (Scleractinia) from the Colombian Caribbean. *Zootaxa*, 2262: 1-39.

Rhodes, K.J.S. 2010. *Evolution of shape morphologic variation of the genus* Undaria (Scleractinia, Agariciidae). Master of Science Thesis, University of Iowa, USA.

Rice, S.A. & Hunter, C.L. 1992. Effects of suspended sediment and burial on scleractinian corals from west central Florida patch reefs. *Bulletin of Marine Sciences*, 51: 429-442.

Rodriguez-Martinez, R.E. & Jordan-Dahlgren, E. 1999. Epibiotic and free-living *Porites astreoides*. *Coral Reefs*, 18: 159-161.

Rogers, C.S. 2009. High diversity and abundance of scleractinian corals growing on and near mangrove prop roots, St. John, US Virgin Islands. *Coral Reefs*, 28: 909.

Romano, S.L. & Palumbi, S.R. 1996. Evolution of scleractinian corals inferred from molecular systematics. Science, 271: 640-642.

Roos, P.J. 1971. The shallow water stony corals of the Netherlands Antilles. *Studies on the Fauna of Curaçao*, 37 (130): 1-108.

Roos, P.J. 1964. The distribution of reef corals in Curaçao. *Studies Fauna Curaçao*: 1-51.

Ruiz-Ramos, D.V. 2009. *Morphological and genetical variation in the Caribbean species of the hydrocoral genus* Millepora. Master of Science Thesis, Mayagüez: University of Puerto Rico, Puerto Rico.

Ruiz-Ramos, D.V., Weil, E. & Schizas, V. 2014. Morphological and genetic evaluation of the hydrocoral *Millepora* species complex in the Caribbean. *Zoological Studies*. 53:4, *http://www.zoologicalstudies.com/content/53/1/4*.

Sammarco, P.W., Porter, S.A. & Cairns, S.D. 2010. À new coral species introduced into the Atlantic Ocean - *Tubastraea micranthus* (Ehrenberg, 1834) (*Cnidaria, Anthozoa, Scleractinia*): an invasive threat? *Aquatic invasion*, 5 (2): 131-140.

Scaps, P. 2010. Observations on mass spawning of scleractinian corals in Guadeloupe. *Atoll Research Bulletin*, n° 573. p. 1-10.

Scaps, P. & Sanders, J. 2011a. J. Shallow water zooxanthellate scleractinian corals from Utila and Cayos Cochinos, Honduras. *ISRN Zoology*, doi: 10.5402/2011/736381.

Scaps, P. & Sanders, J. 2011b. New hard coral species reported in Honduras. *Biodiversity Science*, 2: 1-6.

Sheppard, C.R.C., Davy, S.K. & Pilling, G.M. 2009. *The biology of coral reefs*. Oxford University Press.

Sherman, C., Nemeth, M., Ruiz, H., Bejarano, I., Appeldoorn, R., Pagan, F., Schärer, M. & Weil, E. 2010. Geomorphology and benthic cover of mesophotic coral ecosystems of the upper insular slope of southwest Puerto Rico. *Coral Reefs*, 29: 347-360.

Snelgrove, P.V.R. & Lewis, J.B. 1989. Response of a coral-associated crustacean community to eutrophication. *Marine Biology*, 101: 249-257.

Soong, K. 1993. Colony size as a specific character in massive reef corals. *Coral Reefs*, 12: 77-83.

Squiers, L., Hay, C, Gorbach, D., Friend, D., Black, B., Greenstein, B, Strychar, K. & Tepper, C. 2011. Cryptic speciation a mismatch between genetics and morphology in Millepora. *The 13th Symposium on the Natural History of the Bahamas*, 13: 8-19.

Stanley, J.D. & Cairns, S.D. 1988. Constructional azooxanthellate coral communities: an overview with implications for the fossil record. *Palaios*, 3: 233-242.

Stemann, T.A. 1991. *Evolution of the reef-coral family* Agariciidae (Anthozoa: Scleractinia) *in the Neogene through recent of the Caribbean*. Ph D Thesis, University of Iowa, USA.

Stolarski, J., Kitahara, M.V., Miller, D.J., Cairns, S.D., Mazur, M. & Meiborn, A. 2011. The ancient evolutionary origins of *Scleractinia* revealed by azooxanthellate corals. *BMC Evolutionary Biology*, 11: 316 (http://www.biomedcentral.com/1471-2148/11/316).

Szmant, A.M. 1986. Reproductive ecology of Caribbean reef corals. *Coral Reefs*, 5: 43-54.

Szmant, A.M., Weil, E., Miller, M.W. & Colon, D.E. 1997. Hybridization within the species complex of *Montastraea annularis*. *Marine Biology*, 129: 561-572.

Tepper, C., Squiers, L., Hay, C., Gorbach, D., Friend, D., Black, B., Greenstein, B. & Strychard, K. 2012. Cryptic species: a mismatch between genetics and morphology in *Millepora*. *Marine Sciences*, 2: 57-65.

Tirado, J.A.M. 2006. *Sexual reproduction in the Caribbean coral genus* Mycetophyllia *in La Parguera, Puerto Rico*. Master of Science Thesis. Mayagüez: University of Puerto Rico, Puerto Rico.

van Oppen, M.J.H., Willis, B.L., van Vugt, H.W.J.A. & Miller, D.J. 2000. Examination of species boundaries in the *Acropora cervicornis* group (*Scleractinia, Cnidaria*) using nuclear DNA sequence analyses. *Molecular Ecology*, 9: 1363-1373.

van Veghel, M.J.L. 1994. *Polymorphism in the Caribbean reef-buiding coral* Montastrea annularis. Proefschritt Universiteit van Amsterdam, FEBO druk, Enschede.

van Veghel, M.J.L. & Bak, R.P.M. 1993. Intraspecific variation of a dominant Caribbean reef building coral, *Montastrea annularis*: genetic, behavioral and morphometric aspects. *Marine Ecology Progress Series*, 92: 255-265.

van Veghel, M.J.L. & Bak, R.P.M. 1994. Reproductive characteristics of the polymorphic Caribbean reef-building coral *Montastraea annularis*. III. Reproduction in damaged and regenerating colonies. M*arine Ecology Progress Series*, 109: 229-233.

van Veghel, M.J.L. & Bosscher, H. 1995. Variation in linear growth and skeletal density within the polymorphic reef building coral *Montastrea annularis*. *Bulletin of Marine Sciences*, 56: 902-908.

van Veghel, M.J.L. & Kahmann, M.E.H. 1994. Reproductive characteristics of the polymorphic Caribbean reef-building coral *Montastraea annularis*. II. Fecundity and colony structure. *Marine Ecology Progress Series*, 109: 221-227.

van Veghel, M.J.L., Cleary, D.F.R. & Bak, R.P.M. 1996. Interspecific intercations and competituve ability of the polymrophic reef-building coral *Montastrea annularis*. *Bulletin of Marine Sciences*, 58: 792-803.

Vaughan, T.W. & Wells, J.W. 1943. Revision of the suborders, families and genera of the *Scleractinia*. *Special Papers of the Geological Society of America*, 44: 1–363.

Venera-Ponton, D.E., Reyes, J. & Diaz-Pulido, G. 2008. Revison taxonomica del coral *Porites colonensis* (*Scleractinia*: *Poritidae*) en el caribe Colombiano. *Boletín de Investigaciones Marinas y Costeras*, 37: 71-85.

Venn, A.A., Weber, F.K., Loram, J.E., & Jones, R.J. 2009. Deep zooxanthellate corals at the high latitude Bermuda Seamount. *Coral Reefs*, 28: 135.

Vermeij, M.J.A., 2005. A novel growth strategy allows *Tubastraea coccinea* to escape small-scale adverse conditions and start over again. *Coral Reefs*, 24: 442.

Vermeij, M.J.A. & Bak, R.P.M. 2002. How are coral populations structured by light? Marine light regimes and the distribution of *Madracis*. *Marine Ecology Progress Series*, 233: 105-116.

Vermeij, M.J.A. & Bak, R.P.M. 2003. Species-specific population structure of closely related coral morphospecies along a depth gradient (5-60 m) over a Caribbean reef slope. *Bulletin of Marine Sciences*, 73: 725-744.

Vermeij, M.J.A., Diekmann, O.E. & Bak, R.P.M. 2003a. À new species of scleractinian coral (*Cnidaria*, *Anthozoa*), *Madracis carbami* n. sp. from the Caribbean. *Bulletin of Marine Science*, 73 679-684.

Vermeij, M.J.A., Sampayo, E., Bröker, K. & Bak, R.P.M. 2003b. Variation in planulae release of closely related coral species. *Marine Ecology Progress Series*, 247: 75-84.

Vermeij, M.J.A., Sampayo, E., Bröker, K. & Bak, R.P.M. 2004. The reproductive biology of closely related coral species: gametogenesis in *Madracis* from the southern Caribbean. *Coral Reefs*, 23: 206-214.

Vermeij, M.J.A., Sandin, S.A., Samhouri, J.F. 2007. Local habitat distribution determines the relative frequency and interbreeding potential for two Caribbean coral morphospecies. *Evolutionary Ecology*, 21: 27-47.

Veron, J.E.N. 2000. *Corals of the world*. Australian Institute of Marine Sciences. vol 1-3.

Vollmer, S.V. & Palumbi, S.R. 2002. Hybridization and the evolution of reef coral diversity. *Science*, 296: 2023-2025.

Vollmer, S.V. & Palumbi, S.R. 2007. Restricted gene flow in the Caribbean staghorn coral *Acropora cervicornis*: implications for the recovery of endangered species. *Journal of Heredity*, 98: 40-50.

Wallace, CC. 2012. *Acroporidae* of the Caribbean. *Geologica Belgica*, 15 (4): 388-393.

Walton Smith, F.G. 1971. *Atlantic reef corals*. Coral Gables, FL: University of Miami Press. pp 94-185.

Weerdt, W.H. de. 1984. Taxonomic characters in Caribbean *Millepora* species (*Hydrozoa*, *Coelenterata*). *Bijdragen tot de Dierkunde*, 54: 543-262.

Weerdt, W.H. de. 1990. Discontinuous distribution of the tropical West Atlantic hydrocoral *Millepora squarrosa*. *Beaufortia*, 41: 195-203.

Weil, E. 1992. Genetic and morphological variation in Caribbean and eastern Pacific *Porites* (*Anthozoa*, *Scleractinia*). Preliminary results. *Proceedings of the 7th International Coral Reef Symposium*, 2: 643-656.

Weil, E. & Knowlton, N. 1994. À multi-character analysis of the Caribbean coral *Montastraea annularis* (Ellis and Solander, 1786) and its two sibling species, *M. faveolata* (Ellis and Solander, 1786) and *M. franksi* (Gregory, 1895). *Bulletin of Marine Science*, 55: 151-175.

Wells, J.W. 1936. The nomenclature and type species of some genera of recent and fossil corals. *American Journal of Science*, Series 5, 31: 97-135.

Wells, J.W. 1964. The recent solitary mussid scleractinain corals. *Zoologische Mededelingen*, 39: 375-384.

Wells, J.W. 1971. Note on the scleractinian corals *Scolymia lacera* and *S. cubensis* in Jamaica. *Bulletin of Marine Science*, 21: 960-963.

Wells, J.W. 1973a. New and old scleractinian corals from Jamaica. *Bulletin of Marine Science*, 23: 16-58.

Wells, J.W. 1973b. Two new hermatypic scleractinian corals from the West Indies. *Bulletin of Marine Science*, 23: 925-932.

Wells, J.W. & Lang, J.C. 1973. Systematic list of Jamaican shallow-water *Sleractinia*. *Bulletin of Marine Science*, 23: 55-58.

Willis, B.L., van Oppen, M.J.H., Miller, D.J., Vollmer, S.V. & Ayrz, D.J. 2006. The role of hybridization in the evolution of reef corals. *Annual Review of Ecology Evolution and Systematics*, 37: 489-517.

Zibrowius, H., Wirtz, P., Nunes, F.L.D., Hoeksema, B.W. & Benzoni, F. 2014. Shallow-water scleractinian corals of Ascension Island. *Journal of the Marine Biological Association of the United Kingdom*.

Zlatarski, V.N. 1990. *Porites colonensis*, new species of stony coral (Anthozoa: Scleractinia) off the Caribbean coast of Panama. *Proceedings of the Biological Society Washington*, 103: 257-264.

Zlatarski, V.N. & Martinez-Estalella, N 1982. *Les Scléractiniaires de Cuba*. Académie Bulgare des Sciences, Sofia, Bulgarie.

Zubillaga, A.L., Bastidias, C. & Croquer, A. 2004. High densities of the elkhorn coral *Acropora palmata* in Cayo de Agua, Archipelago Los Roques National park, Venezuela. *Coral Reefs*, 24: 86.

Zubillaga, A.L., Marquez, L.M., Croquer, A. & Bastidias, C. 2008. Ecological and genetic data indicate recovery of the endangered coral *Acropora palmata* in Los Roques, Southern Caribbean. *Coral Reefs*, 37: 63-72.

SITES INTERNET

http://coralpedia.bio.warwick.ac.uk

http://gulfbase.org

http://hercules.kgs.ku.edu/hexacoral/dev/index.cfm

http://marinebio.org

http://nmita.geology.uiowa.edu/database/corals/coralmnu.htm

http://reefguide.org

http://species-identification.org

http://www.iobis.org

http://www.itis.gov

http://www.iucnredlist.org

http://www.marinespecies.org

http///www.snorkelstj.com

Index des noms vernaculaires et des synonymes

Index des fiches espèces

Remerciements

Je remercie chaleureusement toutes les personnes qui ont contribué à la rédaction de cet ouvrage, soit par des échanges d'information, soit par leur soutien lors de la rédaction, soit juste pour les photographies qu'ils ont eu la gentillesse de me fournir.

Je tiens donc à remercier chaleureusement Denis Ader, Barb Crites, Romain Ferry, Alain Goyeau, Emma Hickerson, Nick Hobgood, Paul Human, Mathieu Lichosiek, Thomas Menut, Charles Sheppard, Joaquín Rodrigo Garza Pérez et Vincent Maran, pour leurs excellentes photographies. Leurs noms sont indiqués à côté de leurs clichés.

Je remercie plus spécialement Charlie Veron (*Australian Institute of Marine Science*, Townsville, Australie), père incontesté de la taxonomie des Scléractiniaires, pour m'avoir autorisé à utiliser certaines de ses illustrations. Je tiens également à remercier le professeur Michel Pichon, grand spécialiste français de la classification des Scléractiniaires, pour ses conseils avisés concernant les termes utilisés afin de décrire les différents éléments constitutifs du squelette des Scléractiniaires.

Je voudrais également remercier Walter Goldberg, professeur au département de biologie de la *Florida International University*, à Miami, en Floride, pour être intervenu auprès de Paul Human afin d'obtenir l'autorisation d'utiliser certaines de ses photographies.

Vincent Maran

Un grand merci à Alain Goyeau, d'Eden Plongée à Port Louis, en Guadeloupe, pour m'avoir reçu dans son club de plongée durant l'été 2008 afin d'organiser et d'encadrer un stage de plongée « bio », et pour les plongées de nuit mémorables dans le but d'observer la reproduction sexuée des Scléractiniaires.

Je remercie également l'organisation britannique *Operation Wallacea* (*www.opwall.com*), qui organise des expéditions scientifiques en régions tropicales, pour m'avoir accueilli en tant que plongeur scientifique sur leurs bases de recherche localisées au Honduras (*Coral View Research Center* sur île d'Utila, et *Research Center* sur l'île de Cochino Pequeno dans l'archipel des Cayos Cochinos) pendant l'été 2010 et avoir financé en grande partie mes recherches sur les coraux du Honduras.

Mes remerciements vont aussi à tous mes compagnons de plongée avec lesquels j'ai partagé des moments inoubliables. Merci à Luc Penin pour m'avoir prodigué des conseils en ce qui concerne la photographie sous-marine.

Le Parc national de la Guadeloupe

partenaire — Parc national de la Guadeloupe

Créé en 1989, le Parc national de la Guadeloupe est composé d'une zone de cœur multipolaire, qui dispose d'une règlementation particulière, et d'espaces terrestres et marins dédiés à l'accompagnement au dével-oppement durable, qui sont l'aire d'adhésion et l'aire maritime adjacente. Parmi les dix espaces géographiquement distincts classés en cœur, sept sont marins, dont six dans la baie du Grand Cul-de-Sac Marin (GCSM), et un est en côte sous le vent, à savoir les îlets Pigeon.

Les cœurs marins du GCSM abritent les plus grandes forêts marécageuses et mangroves des Petites Antilles. Ces espaces naturels jouent un rôle déterminant dans l'épuration des eaux et permettent l'existence du lagon en aval, bordé par la plus longue barrière corallienne des Petites Antilles, qui s'étire ainsi sur 29 km. Au milieu de ces espaces exceptionnels se trouvent de vastes herbiers de Phanérogames marines.

Ces milieux constituent un réservoir de biodiversité compte tenu de la richesse des formes de vie benthique et pélagique associées. Ce sont des lieux de reproduction, de source de nourriture et d'abri pour de nombreuses espèces marines tels les poissons, tortues marines, oursins noirs, blancs et les lambis. Ils jouent un rôle d'indicateur de qualité écologique. Cependant, ces cœurs restent fragiles et doivent être protégés des menaces de pollution et des conséquences des activités humaines.

Afin de protéger ces milieux, les trois gestionnaires qui se partagent cet espace naturel (Conservatoire du littoral, PNG, Office national des forêts) ont entrepris une concertation approfondie afin d'élaborer une carte des vocations pour les sites fréquentés, en collaboration avec les différents usagers de la baie. Ce projet permettra de définir les diverses pratiques dans les différents espaces, afin de concilier activités humaines et respect de l'environnement. Les aménagements nécessaires et prioritaires seront identifiés afin de faciliter les différents usages du milieu.

Depuis 2009, les îlets Kahouanne, Tête à l'Anglais et les deux îlets Pigeon (environ 8 ha), ainsi que l'espace marin périphérique et côtier compris entre la Pointe-Mahault et la Pointe-à-Lézard (environ 981 ha) sont classés en cœur de Parc national. Les îlets Pigeon font partie de la commune de Bouillante et se composent de roches volcaniques favorisant l'installation de récifs coralliens. Ces milieux exceptionnels ont été mis en lumière grâce au Commandant Cousteau qui avait émis le souhait de faire de cet endroit une réserve naturelle.

En effet, les coraux et leurs communautés associées recouvrant les fonds rocheux offrent une biodiversité parmi les plus élevées des Antilles françaises. En ce qui concerne les communautés de poissons, 176 espèces ont été recensées aux îlets

Axel Priouzeau

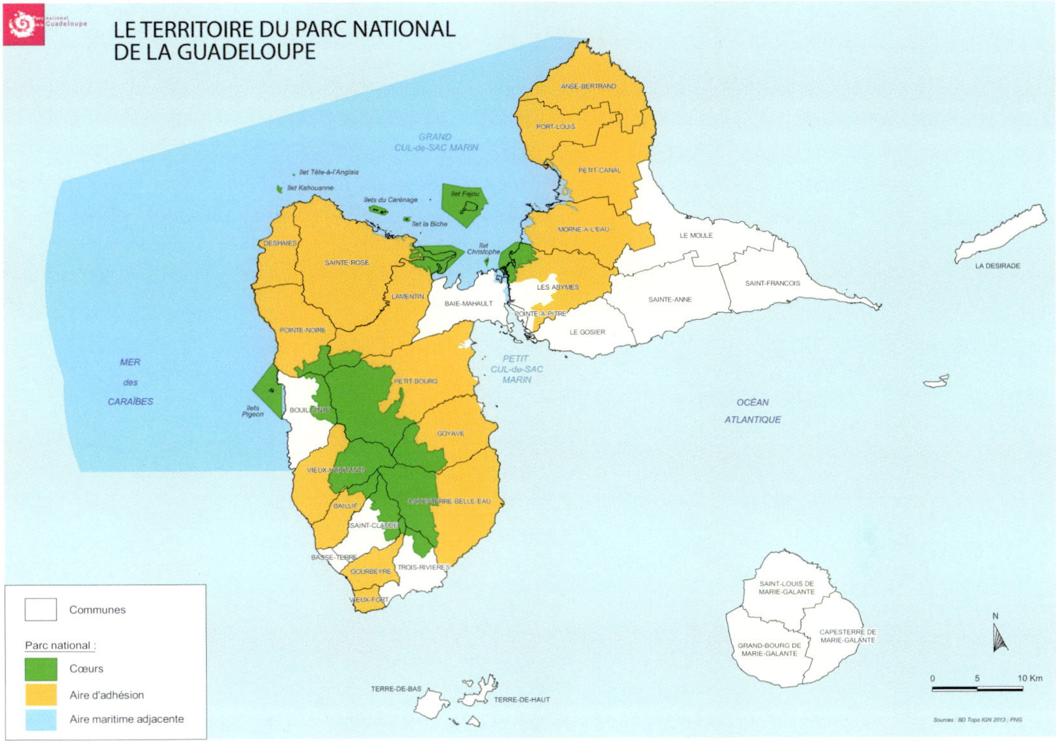

Pigeon d'après une compilation des relevés des agents du PNG avec ceux obtenus par l'Université des Antilles. Ce nombre total d'espèces est le plus important parmi les sites étudiés en Guadeloupe.

Ce site est naturellement devenu un lieu privilégié de plongée en Guadeloupe, en raison de sa biodiversité en poissons et de la facilité à y rencontrer des tortues. Afin de réguler le nombre de plongeurs et de protéger le milieu, le PNG a mis en place, avec les clubs de plongée, une charte de bonne conduite à destination des plongeurs et des visiteurs du site. En 2018, l'organisation des activités autour des îlets a également été repensée afin de concilier la sécurité des usagers, les activités économiques et la préservation du milieu. L'utilisation des mouillages écologiques a été redéfinie dans le cadre d'un arrêté préfectoral et le mouillage interdit pour préserver les fonds marins.

Les milieux marins guadeloupéens sont soumis à de fortes pressions anthropiques. Les principales menaces se situent notamment sur le littoral avec la régression des mangroves, mais prennent également la forme des diverses pollutions qui nuisent à la qualité de l'eau. Le Parc national souhaite renforcer sa collaboration avec les différents acteurs afin de trouver des solutions efficaces pour lutter contre ces menaces.

Claude Lefebvre